DOLPHINS, SHARKS & WHALES

# 海洋生物

英国北巡游出版公司（North Parade Publishing Ltd.）/ 编著　邹蜜 / 译

重庆出版集团 重庆出版社

了解鲨鱼、鲸鱼、海豚的入门指南

图书在版编目(CIP)数据

海洋生物 / 英国北巡游出版公司编著；邹蜜译. —重庆：重庆出版社，2021.12
书名原文：Dolphins，Sharks & Whales
ISBN 978-7-229-16012-8

Ⅰ. ①海… Ⅱ. ①英… ②邹… Ⅲ. ①海洋生物—动物—青少年读物 Ⅳ. ①Q95-49

中国版本图书馆CIP数据核字（2021）第172819号

**海洋生物**
HAIYANG SHENGWU
英国北巡游出版公司（North Parade Publishing Ltd.）编著 邹蜜 译
责任编辑：连果 刘红
责任校对：杨婧

---

重庆出版集团 重庆出版社 出版
重庆市南岸区南滨路162号1幢 邮政编码：400061 http://www.cqph.com
重庆出版集团艺术设计有限公司 制版
重庆长虹印务有限公司 印刷
重庆出版集团图书发行有限公司 发行
全国新华书店经销

开本：889mm×1194mm 1/16 印张：7.375 字数：100千
2021年12月第1版 2021年12月第1次印刷
ISBN 978-7-229-16012-8
定价：49.80元

如有印装质量问题，请向本集团图书发行有限公司调换：023-61520678

---

# 目 录

## 探索鲨鱼

## 探索鲸鱼

## 探索海豚

# 鲨鱼的故事

鲨鱼是地球上最可怕的动物之一，只有非常勇敢的人才敢靠近它们。它们是食肉动物，早在恐龙出现之前就已经存在。鲨鱼生活在大洋、浅海与河流中，因为有锋利的牙齿和快速的反应机动能力，自然成为了各种水域的统治者。虽然鲨鱼与鱼类有关系，但两者在许多方面仍有不同。

## 骨骼成分

大多数鱼的骨骼的主要构成是骨头，但鲨鱼的骨骼完全由软骨构成。这种软骨与你耳朵和鼻子里的软骨材质一样。它使鲨鱼体重更轻，速度更快。

★ 大多数鱼类都有骨质的骨骼。

## 生活区域

在各大海洋中都能发现鲨鱼。大型鲨鱼和比较活跃的鲨鱼通常在海面或海洋中部区域活动。小型鲨鱼喜欢在海底区域停留。还有一些鲨鱼在海岸线附近生活，甚至还会进入与海洋相连的河流和湖泊。

## 鲨鱼的体格

鲨鱼因种类不同，而大小和形状各一。有的鲨鱼很小，用一只手就可以轻松将它们握住。有的鲨鱼很大，如鲸鲨可长达18米，体重超过18吨，相当于大象的两倍！

### 趣味百科

鲨鱼的皮非常坚硬。过去，人们把鲨鱼皮晒干，当作砂纸使用。在德国和日本，鲨鱼皮曾被用来制作剑柄上的防滑握柄。

## 起保护作用的皮肤

与鱼类重叠的鳞片不同，鲨鱼的皮肤上覆盖着细小的齿状鳞片。这些鳞片被称作皮齿。它们使鲨鱼的皮肤坚硬且粗糙，能起到保护的作用。

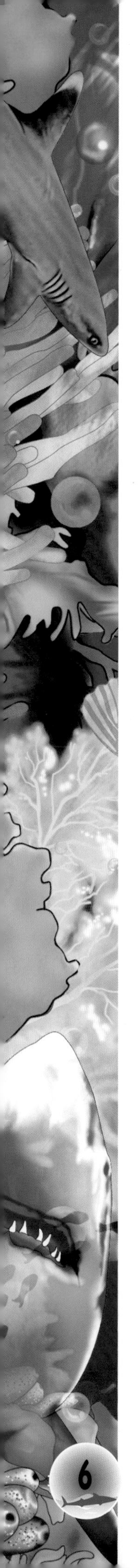

# 起源

大多数生物在进化过程中，会改变自身的特点以适应环境的变化。但鲨鱼却是一个例外，在过去的1.5亿年里，它们几乎没有什么改变。

## 少量化石

化石是保存了数亿年的动物遗骸。动物化石可以帮助我们研究生物的进化。鲨鱼的骨骼容易碎裂，因为它主要由软骨构成。因此，到目前为止，除了牙齿和鳍的化石，尚未发现完整的鲨鱼化石。

旋齿鲨生活在2.5亿年前。它们的下颚有螺旋状的牙齿，前面的牙齿较小，后面的牙齿较大。

## 史前鲨鱼

科学家们认为，现代鲨鱼的祖先出现在3.5亿～4亿年前，也就是我们所知的鱼类时代，即泥盆纪时期，比恐龙出现还要早1亿年。最早的鲨鱼牙齿和鳍的化石，发现于南极洲和澳大利亚。

### 趣味百科

人们认为那些已灭绝的鲨鱼曾有短而圆的鼻子，而现代鲨鱼大部分有长而尖的鼻子。一些鲨鱼甚至有锯状的鼻子。

史前鲨鱼生活在淡水中，它的牙齿呈V形，但此物种早已灭绝。

一颗巨齿鲨的牙齿。

一个身高1.8米的成年人，与巨齿鲨的鳍一样高。

## 巨型怪物

巨齿鲨是一种已经灭绝的鲨鱼，因为发现其巨大的牙齿化石而得名。它们生活在1 500万年前的晚中新世到260万年前的早更新世。巨齿鲨的每一颗牙齿都有成年人的一只手掌那么大！科学家认为，巨齿鲨的长度可能超过16米，它的外形可能与大白鲨相似，以鲸鱼的肉为食。

## 现代鲨鱼

大多数现代鲨鱼已经停止进化很长时间了。据科学研究发现，在过去的1亿年里，它们几乎没什么变化。不过，科学家们至今仍然不能确定现代鲨鱼有多少种，因为他们仍然在不断发现新的鲨鱼种类。

# 基本身体情况

为了适应水下的生活环境，鲨鱼具备一些特殊的本能。所有的鲨鱼都有强壮的下颚，一对鳍和鼻孔，以及灵活的躯体。鲨鱼是游泳健将，但跟鱼类不同的是，它们不能向后游动。

## 皮肤的颜色效果

鲨鱼的皮肤有两种颜色，上半部分颜色比腹部要深。从上面往下看鲨鱼时，上半部分表面的颜色就跟以海底为背景的深色海水接近。而从下面往上看时，鲨鱼腹部的颜色和海洋上层的背景光线融为一体。这样的皮肤颜色有助于鲨鱼在捕猎时不被猎物发现。

### 趣味百科

鲨鱼的舌头和人类的舌头不同。鲨鱼的舌头位于嘴巴的底部，小而厚，大多数时间是静止不动的，被称为基舌骨。有的鲨鱼用它来撕咬捕获的猎物。

☆ 鲨鱼的身体结构，会因其栖息地不同而有所差异。与生活在海面附近的鲨鱼相比，那些生活在深海中的鲨鱼眼睛更大。

与硬骨鱼的鳃不同，鲨鱼的鳃没有鳃盖。水必须流过鳃缝，鲨鱼才能呼吸。

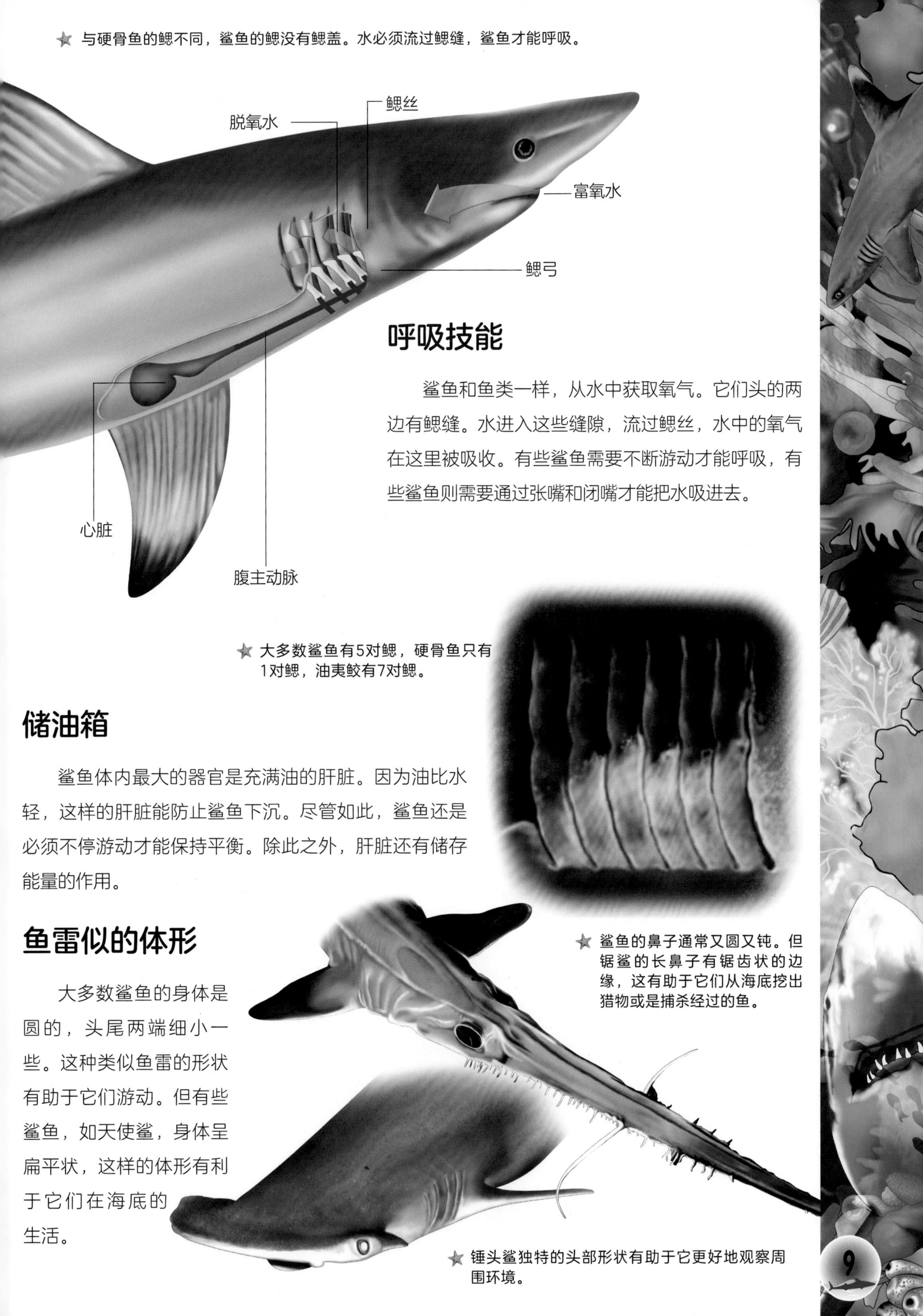


## 呼吸技能

鲨鱼和鱼类一样，从水中获取氧气。它们头的两边有鳃缝。水进入这些缝隙，流过鳃丝，水中的氧气在这里被吸收。有些鲨鱼需要不断游动才能呼吸，有些鲨鱼则需要通过张嘴和闭嘴才能把水吸进去。

大多数鲨鱼有5对鳃，硬骨鱼只有1对鳃，油夷鲛有7对鳃。

## 储油箱

鲨鱼体内最大的器官是充满油的肝脏。因为油比水轻，这样的肝脏能防止鲨鱼下沉。尽管如此，鲨鱼还是必须不停游动才能保持平衡。除此之外，肝脏还有储存能量的作用。

## 鱼雷似的体形

大多数鲨鱼的身体是圆的，头尾两端细小一些。这种类似鱼雷的形状有助于它们游动。但有些鲨鱼，如天使鲨，身体呈扁平状，这样的体形有利于它们在海底的生活。

鲨鱼的鼻子通常又圆又钝。但锯鲨的长鼻子有锯齿状的边缘，这有助于它们从海底挖出猎物或是捕杀经过的鱼。

锤头鲨独特的头部形状有助于它更好地观察周围环境。

# 鲨鱼的感官

鲨鱼不仅拥有人类所有的感觉器官，它们还拥有一些其他的功能。鲨鱼不仅能闻、看、摸、听和尝，它们还有第六感。这些感官对它们捕捉猎物和远距离行动有帮助。

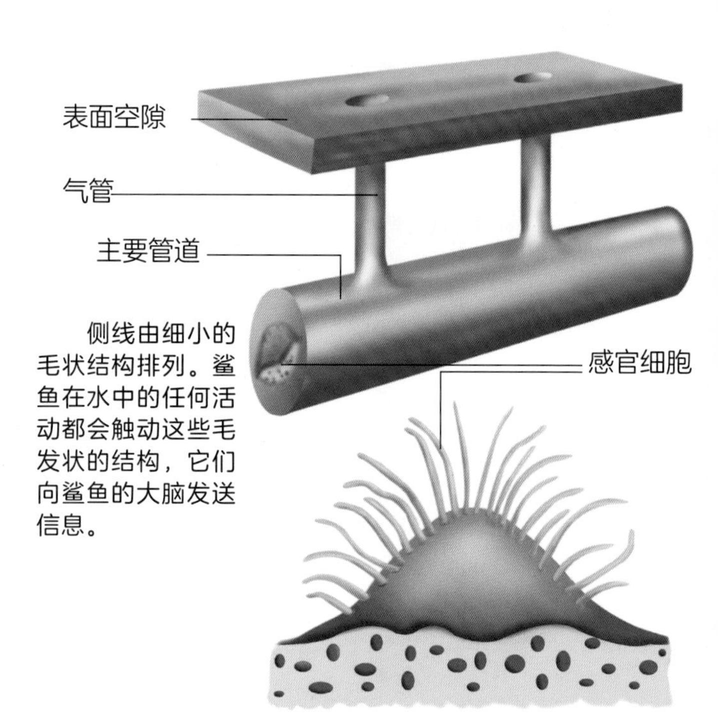

侧线由细小的毛状结构排列。鲨鱼在水中的任何活动都会触动这些毛发状的结构，它们向鲨鱼的大脑发送信息。

## 行动的线管

鲨鱼的身体两侧，从头至尾有两条充满液体的线管，被称为侧线。这两条侧线的作用，是让鲨鱼在水中能感觉到运动。一些科学家认为，侧线还能探测到微弱的声音。

## 第六感

虽然电通常存在于电线和电池里，但生物也能产生微弱的电场。鲨鱼能借助第六感来发现这些电场。鲨鱼鼻子上的小毛孔，可以形成一种被称为“洛伦兹尼的壶腹”的果冻囊样的器官，能帮助它们探测到电场。

侧线

## 闻的感官

通常，鲨鱼的鼻孔位于它们鼻子的下面。它们的鼻孔主要用来闻东西，而不是用来呼吸的。有些鲨鱼有鱼须，看起来像是在鼻子下面长出了浓密的胡须。鱼须可以帮助鲨鱼感觉和品尝味道。

★ 盲鲨看不见，它们用鱼须来捕食猎物。

某些鲨鱼，例如护士鲨，眼睛后面有一个开口。鲨鱼在捕猎或觅食时，用这些开口来呼吸。

## 趣味百科

鲨鱼没有外耳。它们的耳朵在脑袋里面，位于大脑的两侧，且每只耳朵都通向鲨鱼头上的一个小毛孔。

## 向前看

鲨鱼的视力很好，甚至强于我们人类的视力。和猫一样，鲨鱼的眼睛可以根据光线收缩或扩张，能帮助它们在昏暗的光线下看东西。另外，鲨鱼的眼睛还能辨别颜色。

大白鲨的嗅觉十分灵敏，它能在100升的水中觉察出一滴血的气味！

# 恐怖的牙齿

鲨鱼最有力的武器是它的嘴。除天使鲨、巨口鲨、鲸鲨和须鲨以外，其他所有种类鲨鱼的嘴皆位于它们的鼻子下面。鲨鱼的嘴有两个重要的部分：牙齿和下颚。

大白鲨的牙齿

## 撕裂和咬碎

鲨鱼从不咀嚼食物，而是用牙齿把食物撕成嘴巴大小的碎片，将食物整块吞下。当然，有些鲨鱼会用牙齿咬碎猎物的外壳。

灰鲭鲨的牙齿

虎鲨的牙齿

★ 不同种类鲨鱼的牙齿。

## 一大口

大多数动物的下颚都可以自由活动，上颚与颅骨相连。然而，鲨鱼的上颚位于头骨下面。当鲨鱼攻击猎物时，它会向外移动，使整个嘴巴向外推以抓住猎物。当下颚的牙齿刺穿并抓住猎物时，上颚的牙齿会将其切成碎片。

★ 大白鲨的牙齿呈楔形，边缘参差不齐。巨齿鲨的牙齿比大白鲨的牙齿大三倍。

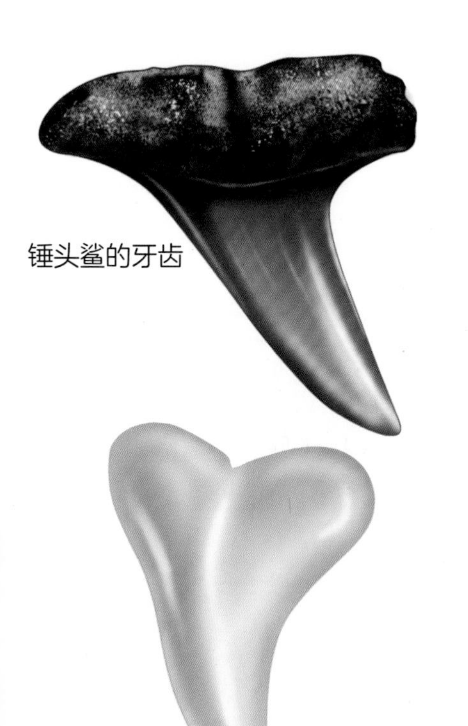

锤头鲨的牙齿

蓝鲨的牙齿

## 锋利的新牙齿

鲨鱼的牙齿会因为磨损而折断，甚至还会不停掉落；但它们会不断长出更锋利的新牙齿以替换之前磨损的牙齿。这个过程大约每两周发生一次。

## 牙齿类型

鲨鱼的牙齿多种多样。有的鲨鱼牙齿是磨牙状，有助于研磨食物；有的鲨鱼牙齿是锯齿状，可用于切割或是钻孔。

### 趣味百科

姥鲨的牙齿很小，它不用这些牙齿来吃东西。姥鲨会吞下饱含浮游生物的水。它嘴里有一种特殊的鬃毛，叫作鳃耙，当水流过鬃毛时，会将这些食物滤出来。

★ 饼切鲨鱼在吃猎物的时候，会用特殊的吸吮嘴唇将自己吸附在猎物身上。一旦吸附成功，它们就翻转自己的身体在猎物身上切割下一块肉。

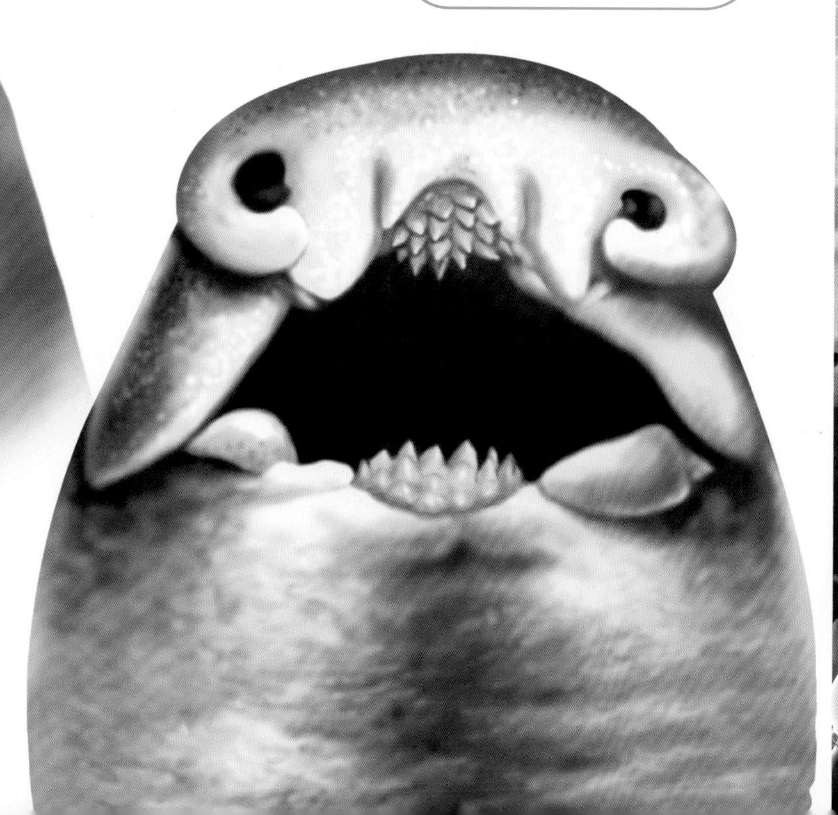

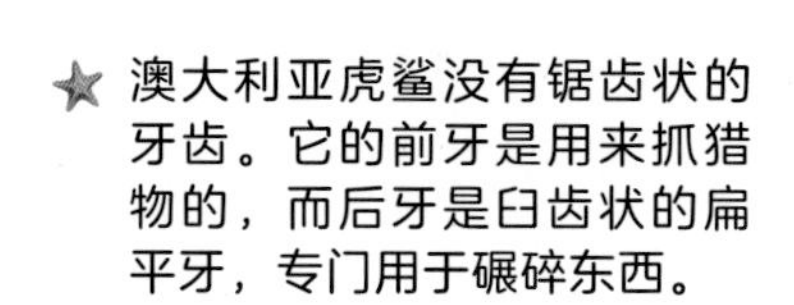

★ 澳大利亚虎鲨没有锯齿状的牙齿。它的前牙是用来抓猎物的，而后牙是臼齿状的扁平牙，专门用于碾碎东西。

# 幼鲨

小鲨鱼被称为幼鲨。鲨鱼一胎可以生下多达100多只幼鲨！幼鲨的出生方式有三种。

## 卵生

有些鲨鱼像鸟一样会产卵，这类鲨鱼被称为卵生鲨鱼。母鲨把卵产在海里。卵里的幼鲨从蛋黄中获取食物，直到它们从卵里破壳而出。鲨鱼从来不保护它们的卵。角鲨和绒毛鲨都属于卵生鲨鱼。

## 胎生

像锤头鲨这样的鲨鱼会直接生下幼鲨。它们的卵在母鲨体内进行孵化，幼鲨直接从母鲨那里获得食物。以这种方式产下幼鲨的鲨鱼被称为胎生鲨鱼。柠檬鲨、锤头鲨、牛鲨和鲸鲨都属于胎生鲨鱼。

★ 角鲨的卵呈螺旋状，产卵后6～9个月内孵化。幼鲨通常长15～17厘米。

★ 某些鲨鱼的卵被称为“美人鱼的钱包”，因为这些卵的形状长得像钱袋。卵里含有蛋黄，幼鲨以蛋黄为食。

## 卵胎生

有一些鲨鱼，虽然它们的卵是在母鲨的体内孵化，但幼鲨并不能直接从母体获得营养。这些幼鲨以其他未受精的卵为食，有的甚至会吃掉自己的兄弟姐妹。这种生殖方式称为卵胎生。

★ 正在生幼鲨的鲨鱼。新生的小鲨鱼出生后会在海底躺一会儿。小鲨鱼和母鲨之间还有脐带连接，脐带断裂之后，小鲨鱼就会游走。

### 趣味百科

鲨鱼的卵有一层厚厚的皮质膜包覆。这些卵有各种不同的形状，如袋状或螺旋状。有的卵甚至有卷须，会附着在海底的海藻和岩石上。

## 照顾幼鲨

鲨鱼从不关心它们的幼鲨，因为小鲨鱼有足够的能力可以照顾自己。事实上，它们一出生就会离开母亲。甚至母亲有时还会吃掉刚出生的幼鲨。

★ 小鲨鱼的捕食者包括大鲨鱼和虎鲸。有时，甚至还会被大石斑鱼这样的大鱼吃掉。

# 深海巨兽

长达几个世纪以来，大型鲨鱼一直统治着海洋世界。现代鲨鱼中最大的鲨鱼种类是鲸鲨和姥鲨，它们的体形已经非常巨大了，但仍然无法与之前的巨齿鲨相比。

## 不是鲸鱼

鲸鲨并不是鲸鱼，它们是鲨鱼。这种鲨鱼的长度可以达到公共汽车那么长！鲸鲨有一张大嘴巴，张开有1米多长。

## 滤食

鲸鲨和姥鲨以浮游生物为食。它们游泳的时候张开嘴，吸入满是浮游生物的水，然后通过附在鳃上的特殊鬃毛过滤掉水，将食物滤出并吞下，并将水从鳃缝中排出。

鲸鲨。

## 颜色不一的皮肤

鲸鲨的皮肤呈浅灰色，上面有黄点和条纹。姥鲨的皮肤颜色较深。它们背部的皮肤呈灰褐色、黑色或蓝色，腹部多为灰白色。

### 趣味百科

鲸鲨和姥鲨游动都非常缓慢。它们通过左右摇摆身体进行游动。这两种鲨鱼对人类都没有威胁。

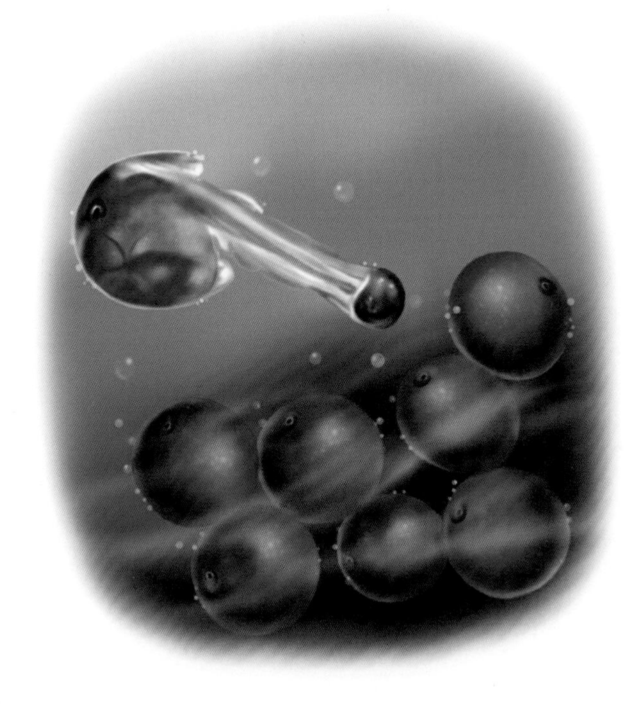

鲸鲨喜欢吃鱼卵。为了吃到鱼卵，它们可以花几个小时，等鱼儿产下卵，然后把鱼卵吃掉。它们会年复一年地回到同一个交配场，在那里产下自己的卵。

## 姥鲨

姥鲨是体形第二大的鲨鱼种类。它的鼻子呈一个短短的圆锥形。与独自行动的鲸鲨不同，姥鲨常常是100多只一起群体行动。

姥鲨之所以被称为姥鲨，是因为它们在海里缓慢的游动，看起来就像是一个老人。

# 深海小个子

并不是所有的鲨鱼都是庞然大物。事实上，有的鲨鱼小到可以放在你手掌里！最小的鲨鱼包括侏儒斑尾鲶、侏儒额斑乌鲨和硬背侏儒鲨。跟那些体形硕大的近亲一样，这些小型鲨鱼也有坚硬的牙齿，被它们咬一口肯定会巨痛无比！

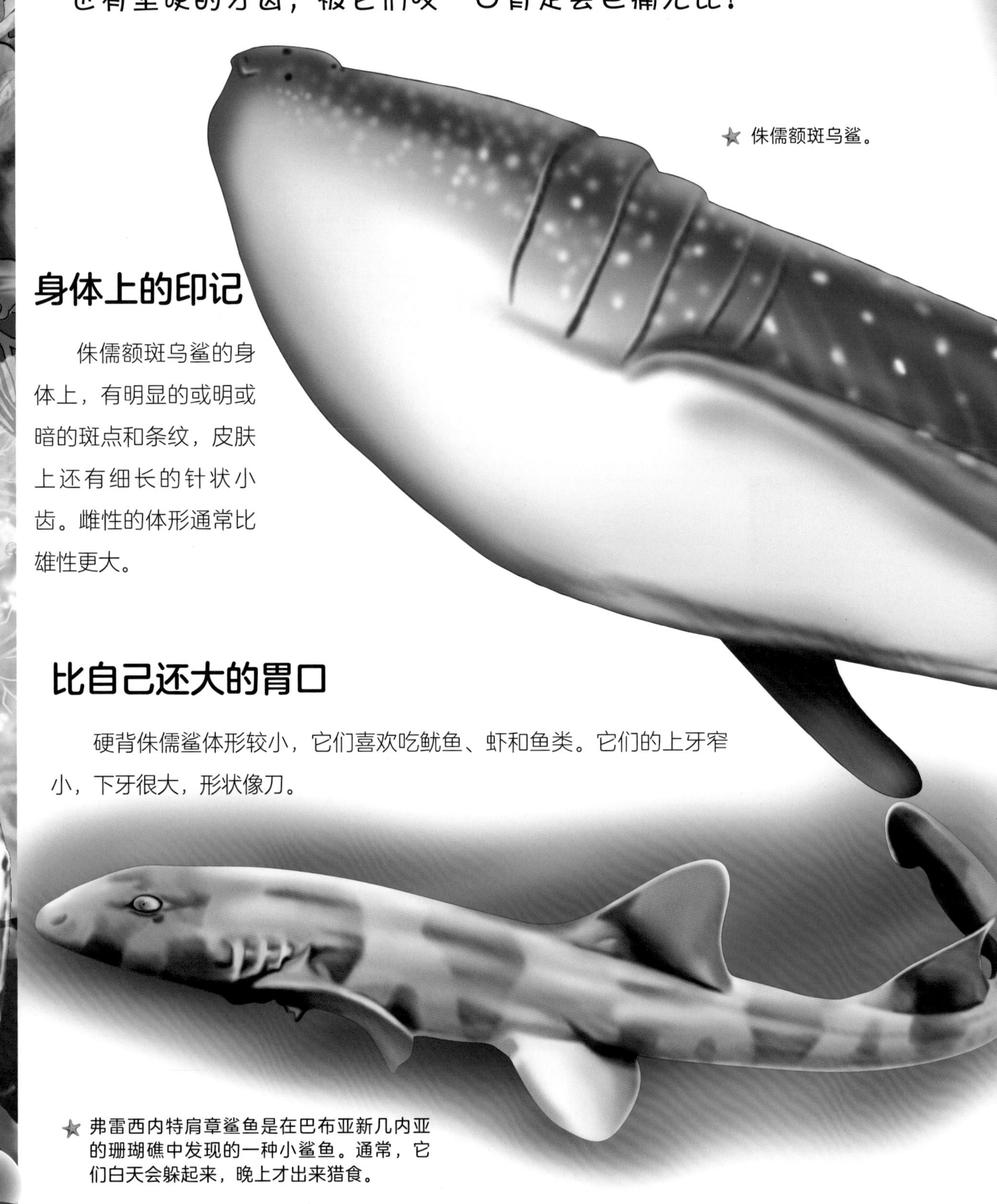

侏儒额斑乌鲨。

## 身体上的印记

侏儒额斑乌鲨的身体上，有明显的或明或暗的斑点和条纹，皮肤上还有细长的针状小齿。雌性的体形通常比雄性更大。

## 比自己还大的胃口

硬背侏儒鲨体形较小，它们喜欢吃鱿鱼、虾和鱼类。它们的上牙窄小，下牙很大，形状像刀。

弗雷西内特肩章鲨鱼是在巴布亚新几内亚的珊瑚礁中发现的一种小鲨鱼。通常，它们白天会躲起来，晚上才出来猎食。

## 小而发光

硬背侏儒鲨的身体很光滑，鼻子呈球茎状。它们身体表面的颜色，从深灰到黑色不一，身上还有尖尖的白色鱼鳍，腹部在黑暗中可以发光。它们总是生活在深海处，因此很少被人发现。

### 趣味百科

硬背侏儒鲨通常生活在海底。这些鲨鱼在晚上会游到大约200米深的海洋中部水域进行捕食。

★ 花尾猫鲛生活在满是泥土的海底、斜坡或是外大陆架上。

## 海底的彩带

花尾猫鲛多呈深棕色，鳍上有黑色的斑点，其踪影遍布于坦桑尼亚、印度、越南和菲律宾等地附近的海域。这类小鲨鱼以小的硬骨鱼和甲壳类动物为食。

# 大白鲨

由于电影《大白鲨》的宣传，大白鲨在人们心目中的形象是嗜血的食人动物，也是最大的食肉鲨鱼，常被称为“食人鲨”和“噬人鲨”。大白鲨有多达3 000颗锋利的牙齿，它们身长超过4.5米，体重约1 360公斤！

## 哪里能发现大白鲨?

大白鲨生活在温暖的水域，遍布世界各地，从美国的各个海岸到波斯湾、夏威夷、南非和西非，再到斯堪的纳维亚、地中海、澳大利亚、新西兰、日本，以及中国东部海岸线和俄罗斯南部黑海海域，都能发现大白鲨。

## 有用的肤色

大白鲨的肤色多为灰色或深灰色，只有腹部为白色。这样的肤色有助于它们靠近猎物时不被发现。从鲨鱼的下面往上看，白色的腹部与海洋浅水区的颜色融为一体。大白鲨攻击猎物时会悄悄靠近，背部的深灰色有助于它们融入周围较深的海水颜色。

★ 大白鲨是独居生物，喜欢独来独往。不过，有时候也会成对出现。

## 凶猛的牙齿

大白鲨的嘴常常是张开的，你一定见过它那一排排洁白的、三角形的锋利牙齿。大白鲨的牙齿可以长到7.5厘米长。即使出现旧牙或断牙，很快会有一排新牙代替。

### 趣味百科

大白鲨是卵胎生生物。它们的卵在孵化出来之前一直在母鲨的体内。在体内孵化之后，母鲨直接将小鲨鱼生下来。

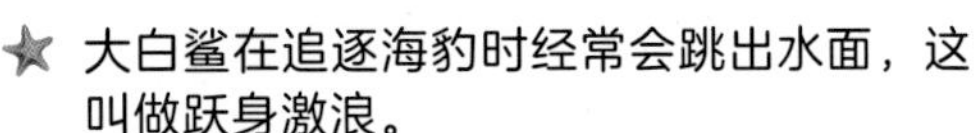

大白鲨在追逐海豹时经常会跳出水面，这叫做跃身激浪。

我们知道，大白鲨会攻击鹈鹕，但其实它们更喜欢吃海豹。

## 它们吃什么？

大白鲨吃海豚、海狮、海豹、大骨头鱼，甚至还有企鹅。虽然它们以食人而闻名，但实际上它们几乎不攻击人类。大白鲨也是食腐动物，它们还会吃漂浮在水里已经死去的动物躯体。通常在攻击猎物时，大白鲨首先将猎物咬伤，然后离开。当疼痛和流血使猎物失去力气后，它才会靠近。鲨鱼不会咀嚼，它将猎物撕咬成嘴巴大小的碎块，然后一口吞下。一顿饱餐之后，大白鲨可以一个多月不再进食！

# 虎鲨和牛鲨

许多鲨鱼，如虎鲨和牛鲨，与陆地动物的名字相似。虎鲨背部有深色条纹，与老虎的条纹相似。但随着虎鲨年龄的增长，它身上的条纹会逐渐消失。牛鲨名字的由来是因为它有扁平、宽阔又短的鼻子，跟公牛的鼻子相似。

虎鲨的视力很好，因为它有一个叫作“呼吸孔”的特殊鳃缝。这个鳃缝位于眼睛后面，直接为眼睛和大脑提供氧气。

## 强悍的虎鲨

虎鲨有一张大嘴和一个强劲的下颚。它们的三角形牙齿有锯齿状的边缘，可以切割物体。虎鲨的游速不快，常在夜间捕食。

## 胡吃海塞的虎鲨

虎鲨几乎什么都吃。生物学家在死去的虎鲨胃里发现过闹钟、锡罐、鹿角甚至鞋子！虎鲨主要以各种鱼类、海龟和螃蟹、及其他鲨鱼为食。

虎鲨常捕食信天翁幼鸟，那些小鸟在学习飞行时容易掉进海里。

# 牛鲨

牛鲨生活在靠近沿海地区的水域，在河流和淡水湖里也常有它们的踪影。牛鲨以各种鱼类以及其他鲨鱼、海龟、鸟类和海豚为食。有趣的是，成年雌性牛鲨的体形比雄性牛鲨大。

# 危险区域

靠近牛鲨和虎鲨都非常危险，因为它们都是食人鲨。虎鲨是仅次于大白鲨之后，第二大威胁人类的鲨鱼种类，牛鲨排名第三。

## 趣味百科

牛鲨每个季节都会从亚马孙河上游游到海里。在这段旅程中，它们需游3 700多公里。

牛鲨几乎没有天敌。但有报道说，鳄鱼会吃牛鲨。

# 敏捷的灰鲭鲨

鲨鱼擅长游泳，其中速度最快的是灰鲭鲨。有记录显示灰鲭鲨的速度可以达到每小时50公里。此外灰鲭鲨还能跳出水面，最高高度可达6米，它们甚至能跳进船里！

## 为速度而生

灰鲭鲨擅长游泳，因为它们的身形是纺锤状的，并且体表很光滑。它们还有一个圆锥形的长鼻子。它们的侧鳍很短，尾鳍呈新月形，在游泳时能够提供更多的动力。

## 其他近亲

灰鲭鲨属于鲭鲨目。鲭鲨目中的其他鲨鱼包括大白鲨、鼠鲨和沙虎鲨。其中，沙虎鲨也叫灰护士鲨。在世界各地的温暖海域里都能发现这些鲨鱼。鼠鲨的名字源于它有一个类似海豚的外形。

我们知道，沙虎鲨会游到水面上，呼吸足够的空气储存在体内。然后，它们依靠这些空气，潜入水里，让身体保持悬浮，一动不动。

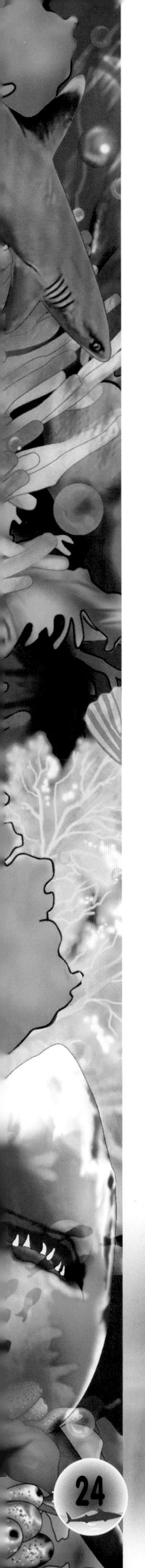

## 灰鲭鲨的食物

大多数灰鲭鲨生活在温暖的海域。它们以蓝鱼、鲱鱼、鲭鱼和旗鱼等鱼类为食。它们的牙齿细长且尖，当它们闭上嘴巴的时候，你也能看到它们的牙齿！这使得灰鲭鲨能轻松捕食到滑滑的鱼。

## 上钩

众所周知，灰鲭鲨是善于运动的动物。当它们被人类的渔网或鱼钩钩住，会奋力地跳来跳去，使得捕捉它们非常危险。虽然灰鲭鲨很少攻击人类，但并不意味着它们对人类没有威胁。

### 趣味百科

跟大多数鲨鱼一样，灰鲭鲨的皮肤也有两种颜色，它们的上半身是深蓝色的，而两侧和腹部是白色的。深蓝色的部分有助于灰鲭鲨在捕食时伪装自己。

较大的灰鲭鲨可以吃掉旗鱼、马林鱼，甚至海豚。

# 陆地鲨

陆地鲨是最常见的鲨鱼种类。它们的鼻子很长，嘴巴两边的嘴角开到眼睛的后面。它们的眼睛也很特别，有一个会动的下眼睑。在捕猎时，下眼睑可以遮住眼睛。陆地鲨包括锤头鲨、地毯鲨和膨胀鲨，以及所有真鲨科鲨鱼，如虎鲨、蓝鲨、柠檬鲨、牛鲨和一些礁鲨。

★ 柠檬鲨。

## 黄色的鲨鱼

柠檬鲨因其黄棕色的皮肤而得名。但它的腹部是灰白色的。这种鲨鱼主要在夜间捕食。白天的时候，它们喜欢在海底懒洋洋地待着。

★ 蓝鲨的瞬膜有助于它在捕食时保护眼睛。

## 蓝鲨

蓝鲨的身体纤细，背部呈深蓝色，两侧是浅蓝色，腹部是白色。它们还有细长的鼻子和大大的眼睛。它们是仅次于灰鲭鲨，游动速度第二快的鲨鱼。海洋中的蓝鲨曾经数量很多，但因为过度捕捞而数量骤减。

膨胀鲨吞下大量的水可以增加自身的体积。通过这样的方式来吓跑敌人。

## 危险因素

柠檬鲨生活在浅海水域，经常出现在海湾、海口和河口等地方。虽然柠檬鲨的活动区域与人类很近，但它们只有在受到刺激时才会攻击人类。相比之下，蓝鲨生活在远离海岸的水域，却以攻击人类而闻名。

### 趣味百科

蓝鲨迁徙的距离最长。每个季度，它们从美国纽约州游到巴西，全程2 000~3 000公里。

大多数鲨鱼以其他的海洋动物为食。不过，加州海狮却喜欢以幼小的蓝鲨为食。

## 它们的食物

蓝鲨几乎什么东西都吃，但它们最喜欢的是鱿鱼和其他鱼类。而柠檬鲨喜欢吃螃蟹、鳐鱼、虾、海鸟和一些小型鲨鱼。

# 礁鲨

不同的鲨鱼生活在海洋的不同区域。有些鲨鱼，如黑鳍礁鲨、白鳍礁鲨和加勒比海礁鲨，生活在珊瑚礁附近。潜水员和涉水鸟经常会遇到这类鲨鱼。

白鳍礁鲨是胎生生物。它们一次可以产下1～5只幼鲨，每只幼鲨长约61厘米。

## 白鳍礁鲨

白鳍礁鲨的皮肤是灰色的，只有背鳍和尾巴的尖端呈白色。它们的身形细长，头部很宽，主要以硬骨鱼、章鱼、龙虾和螃蟹为食。

白鳍礁鲨易与银鲨混淆。然而，银鲨的体重更重，它的鳍整个是白色的，而不是像白鳍礁鲨那样只有尖端是白色的。

## 睡觉的鲨鱼

加勒比海礁鲨生活在加勒比海的珊瑚礁附近。它们看起来好像总是在睡觉，因为它们常常一动不动地待在海底。它们喜欢吃硬骨鱼。

> **趣味百科**
>
> 白鳍礁鲨在夜间最活跃。它们在礁石附近游荡寻找食物。白天，它们在珊瑚洞里休息。白鳍礁鲨休息的时候会成群结伴，但捕猎的时候往往是独自行动。

## 黑鳍礁鲨

黑鳍礁鲨看起来非常有意思。它的身体是灰色的，鳍尖是黑色的。鲨鱼的身体两侧还有白色条纹。黑鳍礁鲨可以在水族馆里繁衍生殖。

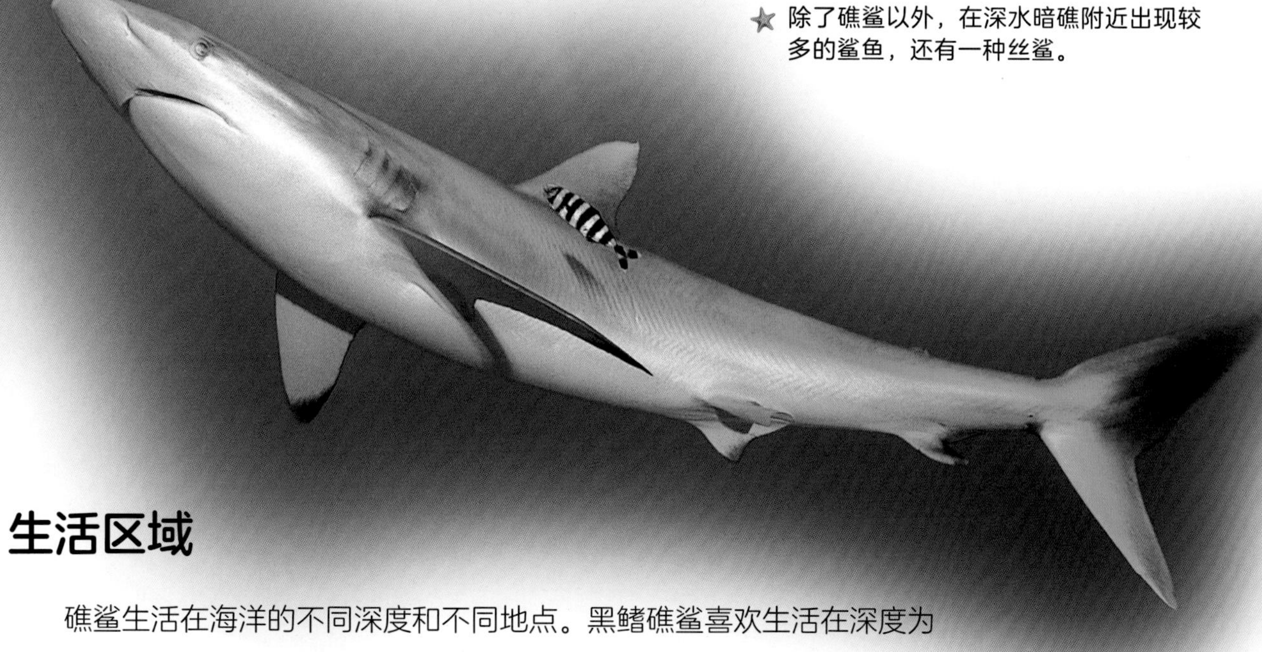

★ 除了礁鲨以外，在深水暗礁附近出现较多的鲨鱼，还有一种丝鲨。

## 生活区域

礁鲨生活在海洋的不同深度和不同地点。黑鳍礁鲨喜欢生活在深度为15米的海底沙滩上。白鳍礁鲨喜欢生活在珊瑚礁周围的角落和洞穴里。

# 天使鲨

天使鲨有扁平的身体，这使它们看起来非常像鳐鱼。它们常常把自己埋在沙子或泥里，只留下眼睛和身体最突出的一小部分露在外面。

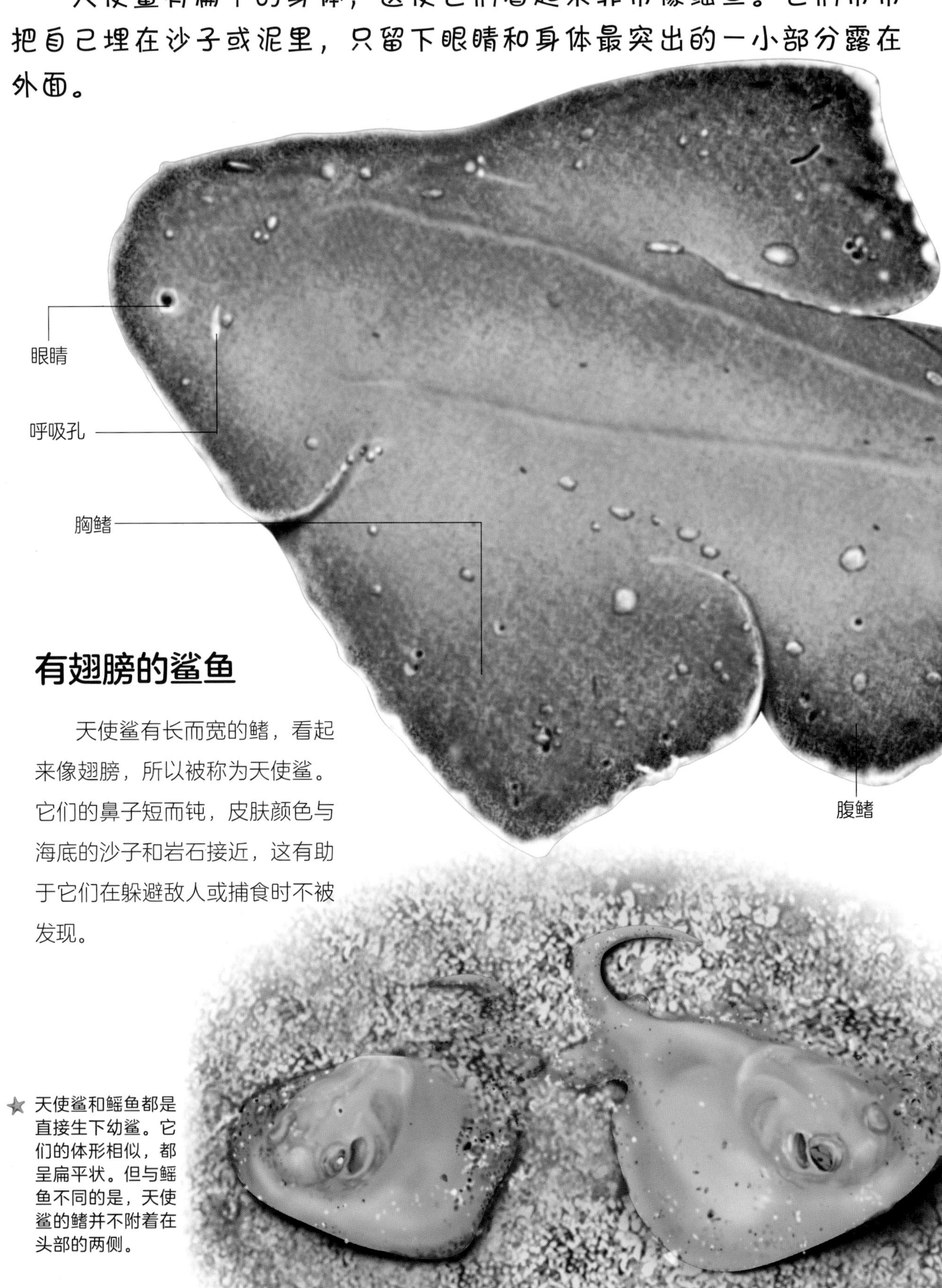


## 有翅膀的鲨鱼

天使鲨有长而宽的鳍，看起来像翅膀，所以被称为天使鲨。它们的鼻子短而钝，皮肤颜色与海底的沙子和岩石接近，这有助于它们在躲避敌人或捕食时不被发现。

★ 天使鲨和鳐鱼都是直接生下幼鲨。它们的体形相似，都呈扁平状。但与鳐鱼不同的是，天使鲨的鳍并不附着在头部的两侧。

# 突然袭击

天使鲨通常躲在沙子和岩石里，等待它的猎物。当猎物从它身旁游过时，它会突然跳出来扑上去。天使鲨吃鱼、甲壳类动物和软体动物。

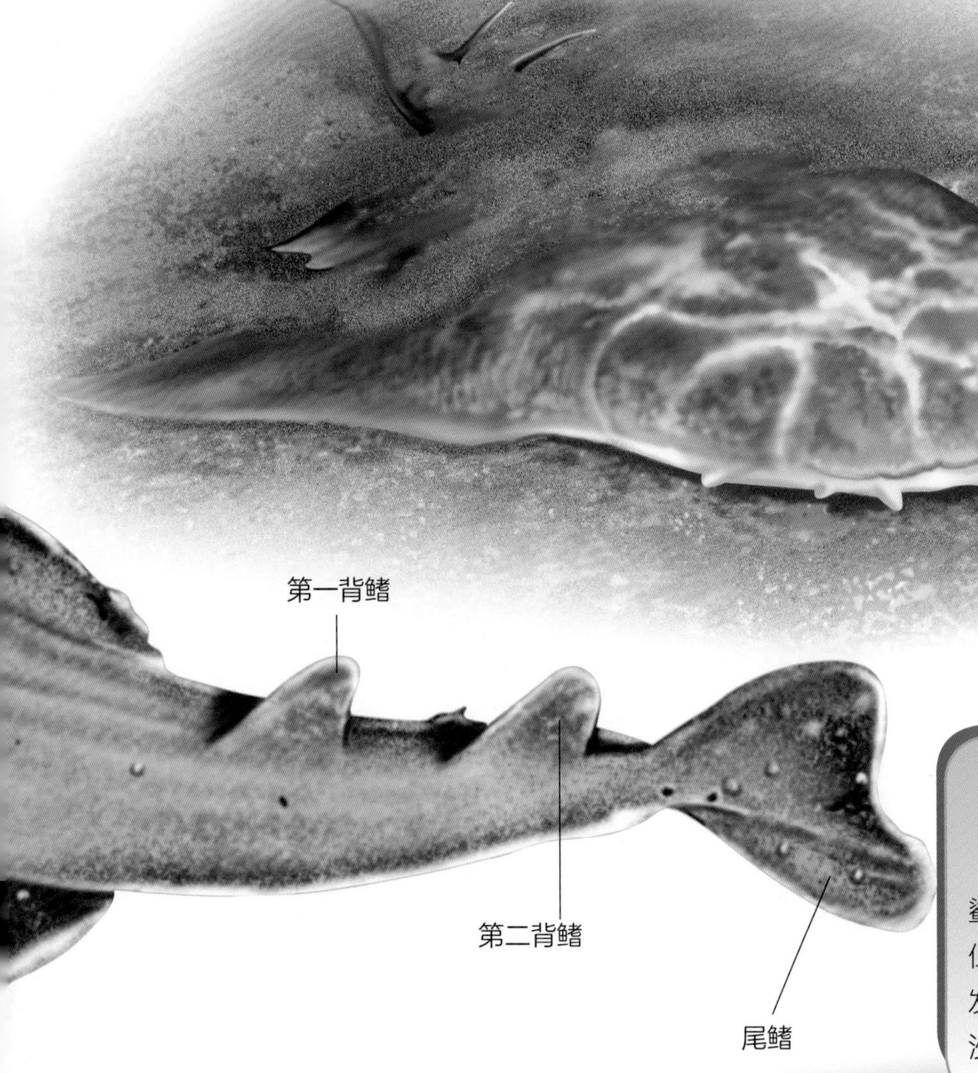


## 趣味百科

如果不去招惹天使鲨，它并没有什么威胁。但如果你踩到它，它就会发起攻击，因此也被称为沙地魔鬼！

# 生活在海底

天使鲨喜欢生活在海底，喜欢温暖的水域。它们主要分布在太平洋和大西洋。天使鲨的游动速度不快，但它们捕猎的对象速度更慢！

★ 天使鲨以各种礁鱼为食，包括黄鱼、石斑鱼和比目鱼等。

# 锤头鲨

锤头鲨的外形非常独特，即使在远处也很容易一眼识别。它们的头部呈一个扁平的长方形，类似于锤子。锤头鲨有很多种，可以通过头部的不同形状加以区分。

## 头部特征

锤头鲨的眼睛位于它形状奇特的头部两端。两只眼睛相距1米，这使它拥有广阔的视野。它的大平头有助于自己保持平衡，而它的侧鳍较短。

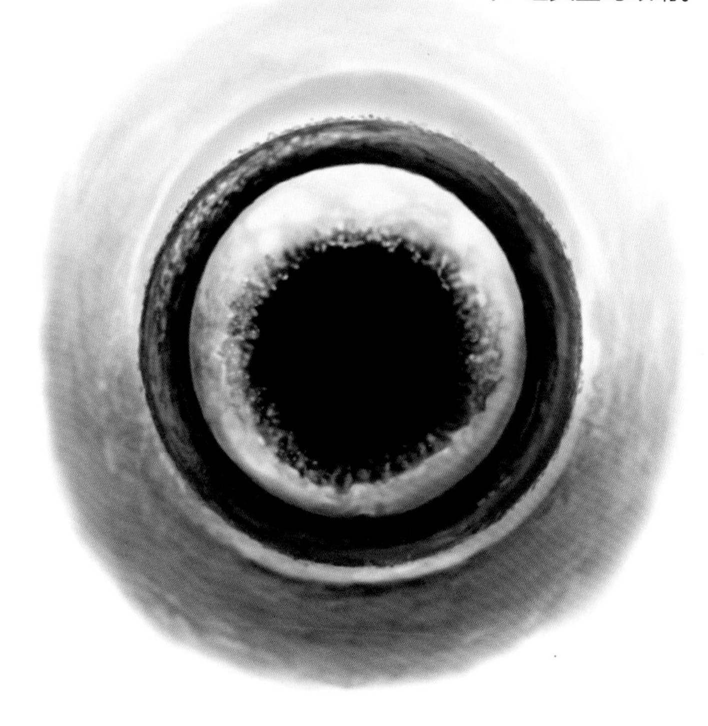

★ 锤头鲨的眼睛。

## 小小的差别

巨型锤头鲨的头部平直，中间有一个小缺口。圆齿双髻鲨的头部有几个圆角，平头双髻鲨的头部宽而平，没有缺口。窄头双髻鲨的头部较小，头部为铲形。

★ 锤头鲨的背部多是深棕色、浅灰色或者橄榄色，而腹部是白色。

☆ 巨型锤头鲨通常进行季节性的迁徙，夏季它们会游到凉爽的水域。

## 趣味百科

天使鱼给锤头鲨充当了天然的清洁工。它们以鲨鱼皮肤上甚至嘴里的寄生虫为食。有趣的是，锤头鲨不会吃这些天使鱼。

## 甜蜜的家

锤头鲨遍布在世界各地的海洋里。无论是在300米深的海底，还是在海岸附近的浅海区域，甚至是潟湖，它们都可以生存。它们通常分布在地中海、大西洋、太平洋和印度洋等水域中。

☆ 刺鳐。

## 锤头鲨的食谱

锤头鲨主要吃螃蟹和鱼，不过它们最喜欢的食物是刺鳐。锤头鲨用它的“锤子”把刺鳐死死钉住。它通常在海底和海面附近捕食，在日落后进食。大锤头鲨有时候也吃小锤头鲨。

# 与众不同的鲨鱼

海底世界是一个奇妙的地方。生活在海底的生物形状各异，颜色和大小不一。鲨鱼是这个奇妙世界中的一员。妆饰须鲨、地毯鲨和角鲨是鲨鱼家族中一些独特的成员。

人类通常认为角鲨没有危险。但在抓捕它的时候，它的角可能会伤人。

## 有角的鲨鱼

角鲨的头又圆又短，看起来像猪！它的颜色是灰色或棕色，身体上布满黑色斑点。角鲨的一排小牙齿位于上颚的前部，两侧有巨大的粉碎性臼齿。它们多在夜晚活动，主要以海胆、螃蟹、蠕虫和海葵为食。

## 爱打扮的海洋生物

妆饰须鲨生活在澳大利亚和太平洋沿岸的珊瑚礁中。之所以叫这个名字，是因为它的皮肤有棕色、黄色和灰色的图案，这些颜色不一的图案有助于鲨鱼融入周围的环境中。

## 捕食时的诱饵

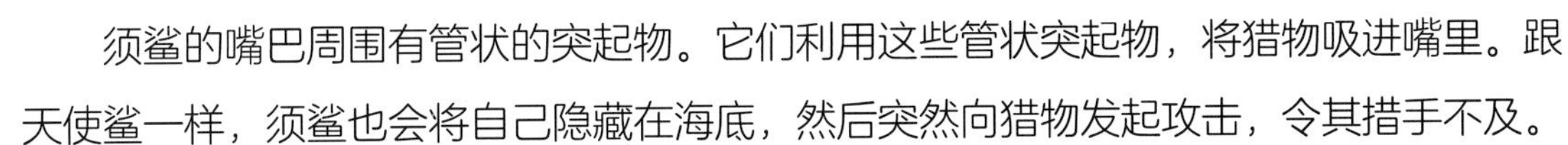

须鲨的嘴巴周围有管状的突起物。它们利用这些管状突起物，将猎物吸进嘴里。跟天使鲨一样，须鲨也会将自己隐藏在海底，然后突然向猎物发起攻击，令其措手不及。

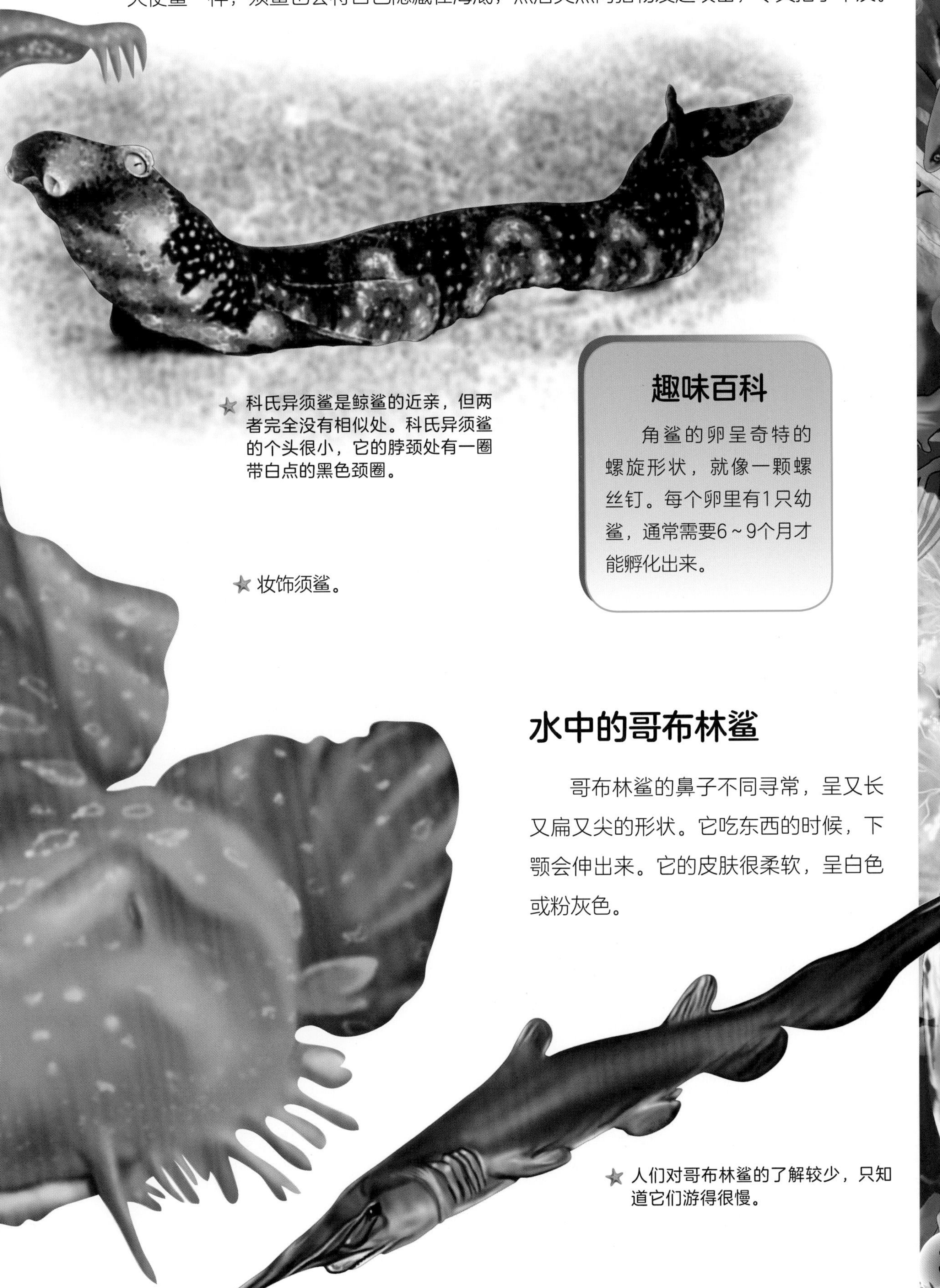

科氏异须鲨是鲸鲨的近亲，但两者完全没有相似处。科氏异须鲨的个头很小，它的脖颈处有一圈带白点的黑色颈圈。

妆饰须鲨。

### 趣味百科

角鲨的卵呈奇特的螺旋形状，就像一颗螺丝钉。每个卵里有1只幼鲨，通常需要6～9个月才能孵化出来。

## 水中的哥布林鲨

哥布林鲨的鼻子不同寻常，呈又长又扁又尖的形状。它吃东西的时候，下颚会伸出来。它的皮肤很柔软，呈白色或粉灰色。

人们对哥布林鲨的了解较少，只知道它们游得很慢。

# 鲨鱼和魔鬼鱼

鲨鱼在海洋世界里有许多亲戚，它们的近亲之一是魔鬼鱼。实际上，鲨鱼和魔鬼鱼在2亿年前有相同的祖先。

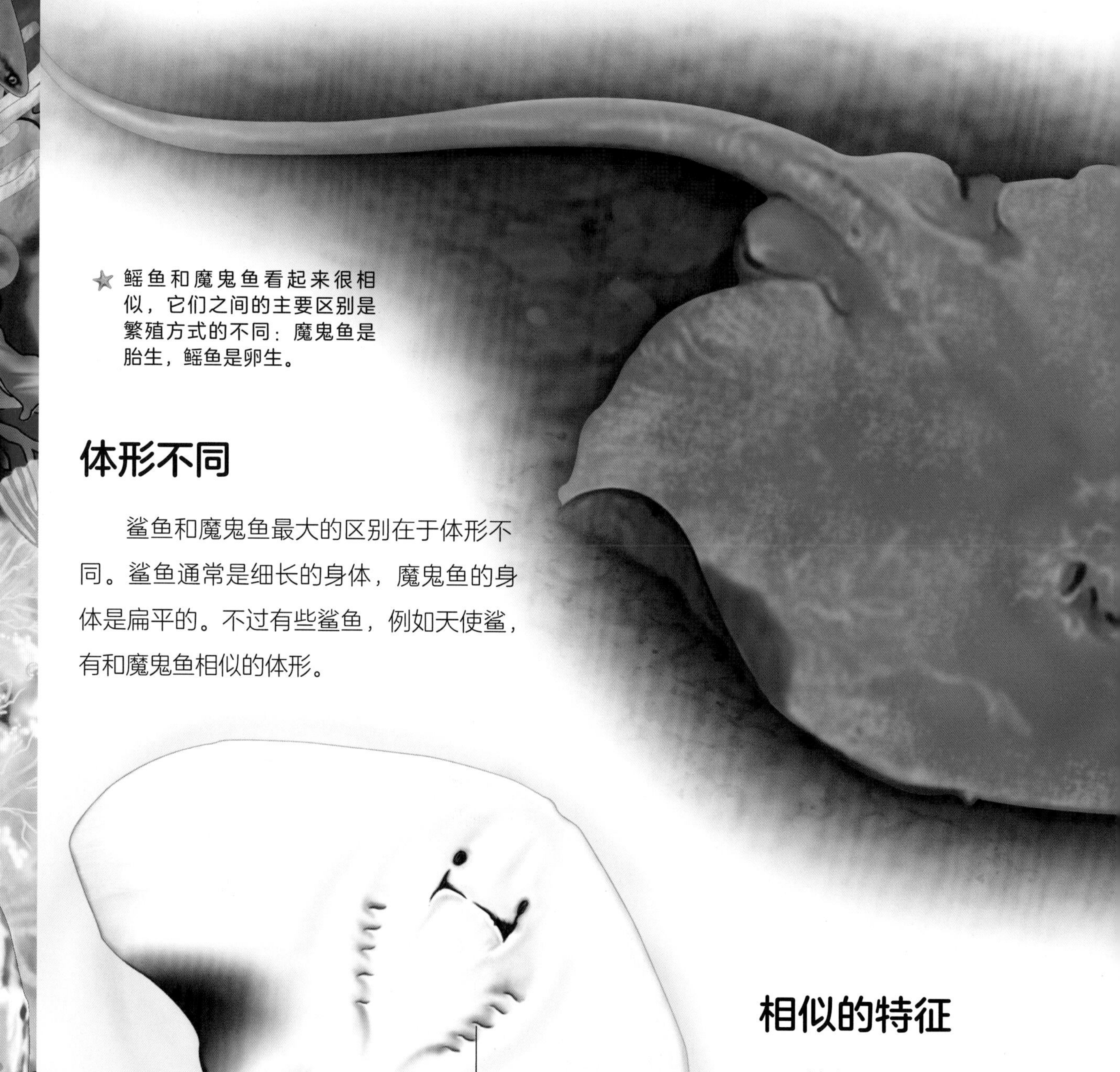

★ 鳐鱼和魔鬼鱼看起来很相似，它们之间的主要区别是繁殖方式的不同：魔鬼鱼是胎生，鳐鱼是卵生。

## 体形不同

鲨鱼和魔鬼鱼最大的区别在于体形不同。鲨鱼通常是细长的身体，魔鬼鱼的身体是扁平的。不过有些鲨鱼，例如天使鲨，有和魔鬼鱼相似的体形。



## 相似的特征

鲨鱼和魔鬼鱼有许多共同的特征。它们都有软骨骨骼，身体表面覆盖着齿鳞。鲨鱼和魔鬼鱼都有5～7个鳃缝。鲨鱼的鳃缝在头的两侧，魔鬼鱼的鳃缝在身体的下面。

蝠鲼魔鬼鱼的样子看起来很吓人，但其实它们很顽皮，常在水里拍打玩耍！

## 游泳技能

海洋生物有不同的游泳方式，例如，魔鬼鱼拍打它们巨大的侧鳍来游动。鲨鱼的鳍小，只能用于平衡和控制方向，它们靠尾巴的摆动游动于水中。

锯鳐幼鱼出生的时候，它的锯子上有一层保护膜覆盖，以免在母亲分娩时伤害到母体。

## 相似的名字

跟大多数生物族群一样，鲨鱼和它们的近亲有相似的名字，例如锯鳐和锯鲨。但实际上，两者之间往往没有什么相似之处。例如，锯鲨是棕色的，锯鳐是浅蓝色的。此外，锯鳐的“锯子”中间没有触须。

### 趣味百科

许多魔鬼鱼的尾巴有刺，可以刺伤其他动物，有些刺甚至有毒。有些魔鬼鱼有长长的鞭状尾巴，有些则较短。

# 鲨鱼的袭击

多年来，鲨鱼袭击人类事件激发了许多电影制作人和小说作家的想象力。鲨鱼张着大嘴，露出致命牙齿的形象，让许多观众不寒而栗，难以忘记。但并不是所有的鲨鱼都对人类构成威胁，事实上，大部分鲨鱼不会主动攻击人类！

## 并不总是致命

通常情况，鲨鱼并不会主动攻击人类，导致人类死亡或重伤。鲨鱼只有在处于恐惧的时候才会向人类发起攻击。有时，一些攻击只是意外，比如鲨鱼偶尔会将冲浪者误认为是海豹！

★ 带着开放性伤口去海里游泳是非常不明智的，因为血的气味会将鲨鱼引来。

## 小心！

在鲨鱼栖息的水域里游泳必须非常小心。一定要在白天和人群在一起。如果发现鲨鱼，一定要立即离开并保持安静。千万不要试图抓鲨鱼，哪怕只是小鲨鱼！

鲨鱼是好奇心强的动物。即使攻击不到观察者，它们也会对笼子里的人进行研究。

## 趣味百科

人们被蜜蜂叮咬或是被狗咬伤之后死亡的概率，皆高于被鲨鱼攻击后死亡的概率！事实上，90%以上被鲨鱼袭击过的人都成功地活了下来。

## 警告

如果你闯入一只鲨鱼的领地并惊扰到它，它通常会在发起攻击前给你一些警告。它会摇摇头，仰起后背，鼻子朝上游动。这些行为被称为激动性展示。如果你看到它这样的动作，就应该立即离开。

## 最危险的情形

有4种鲨鱼对人类危险较大。它们是大白鲨、虎鲨、牛鲨和远洋白鳍鲨。另有17种其他种类的鲨鱼也曾袭击过人类，但只发生在它们受到威胁或干扰时。它们包括柠檬鲨、锤头鲨、黑鳍礁鲨、护士鲨、须鲨、沙地虎鲨等。

加州是世界上发生大白鲨袭击人类事件最多的地方之一，但致人死亡的情况非常罕见。并且，大部分袭击都是针对冲浪者和潜水员。

# 濒危鲨鱼

鲨鱼是“海洋之王”，它们在海洋里几乎没有天敌。鲨鱼往往有一副骇人的外表，并以血腥冷酷闻名。但是今天，鲨鱼对人类却充满恐惧。因为人类为了获取鲨鱼的皮、鳍和肉等部位，而大量捕杀它们。

## 处于危险

由于遭到人类大规模捕杀，鲨鱼的数量急剧下降。事实上，许多鲨鱼种类的数量已非常稀少。如果人类不立刻停止捕杀行为，一些鲨鱼种类或将灭绝。为了保护它们，许多国家已经将捕杀鲨鱼定为非法行为。

## 副渔获物

捕鱼船和渔民捕捉其他鱼类时，鲨鱼偶尔被意外捕获。以这种方式遭到捕获的鲨鱼称为副渔获物。人们正在试图研究一些方法，希望能够阻止这些意外杀戮的发生。

### 趣味百科

一些国家可以领养鲨鱼。被领养的鲨鱼会作上特别标记，以追踪它们的活动，这是研究和保护鲨鱼的有效办法。

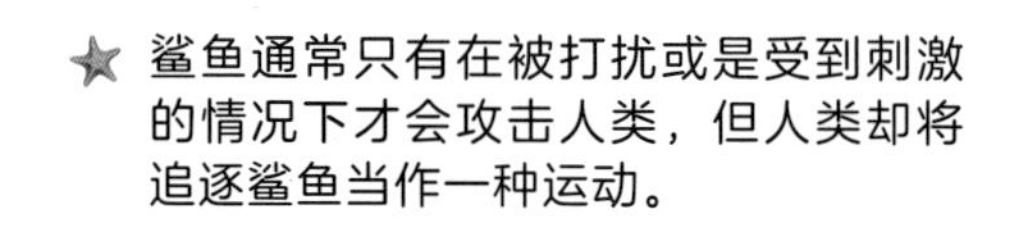

★ 鲨鱼通常只有在被打扰或是受到刺激的情况下才会攻击人类，但人类却将追逐鲨鱼当作一种运动。

# 与鲨鱼有关的产品

人类利用鲨鱼制造各种产品。鲨鱼的皮去除鳞片以后，被用来制作奢华的皮革。鲨鱼的肝油含有大量的维生素A。因此，20世纪50年代之前，鲨鱼一直被大量捕杀。

鲨鱼的肝油比鳕鱼的肝油含有更多的维生素A。

鲨鱼的肝油甚至可以用于制造口红和其他化妆品。

# 不太好的故事

一些国家的人用晒干的鲨鱼鱼鳍制作昂贵但非常受欢迎的鱼翅汤。这种汤被认为是一种珍贵的佳肴，在一些顶级餐馆里每碗鱼翅汤的价格高达100美元！

鱼翅汤里用的鱼翅，往往是以残忍的方式获得的。在一些国家，渔民把活着的鲨鱼从海里拖出，将它们的鳍和尾巴割下。然后将受伤的鲨鱼扔回海中，鲨鱼最终会因失血过多而亡。

# 鲸鱼

鲸鱼是海洋温血哺乳动物，遍布世界各地。

## 它们从哪里来？

鲸鱼属于鲸目动物，可能是陆生偶蹄目哺乳动物或者有趾蹄类动物的后代。人们认为，它们大约在5 000万年前涉险进入到了水域生活。龙王鲸和矛齿鲸被认为是完全水生的鲸鱼。

## 它们是鱼类吗？

鲸鱼不是鱼类，是生活在海洋里面的温血哺乳动物，它们通过肺而不是鳃呼吸。它们每隔一段时间就要将鼻孔露出水面呼吸新鲜空气。鲸类每胎仅产1只幼鲸，且生长期很长。

★ 鲸鱼与河马有亲属关系。

## 趣味百科

由于物种进化，所有鲸鱼的后肢已经完全消失，不过有些鲸鱼仍然保留着前肢的痕迹。

## 它们长什么样子？

为适应水下环境，鲸类的前肢进化为鳍，后肢退化，并生出水平的尾鳍。

★ 鲸鱼的尾鳍可以帮助它们在水中游动。

★ 许多现代船只使用声呐导航，这对鲸鱼是有害的。

# 哺乳动物

虽然鲸鱼看起来像鱼类，但它们实际上是哺乳动物，具有明显的哺乳动物特征。

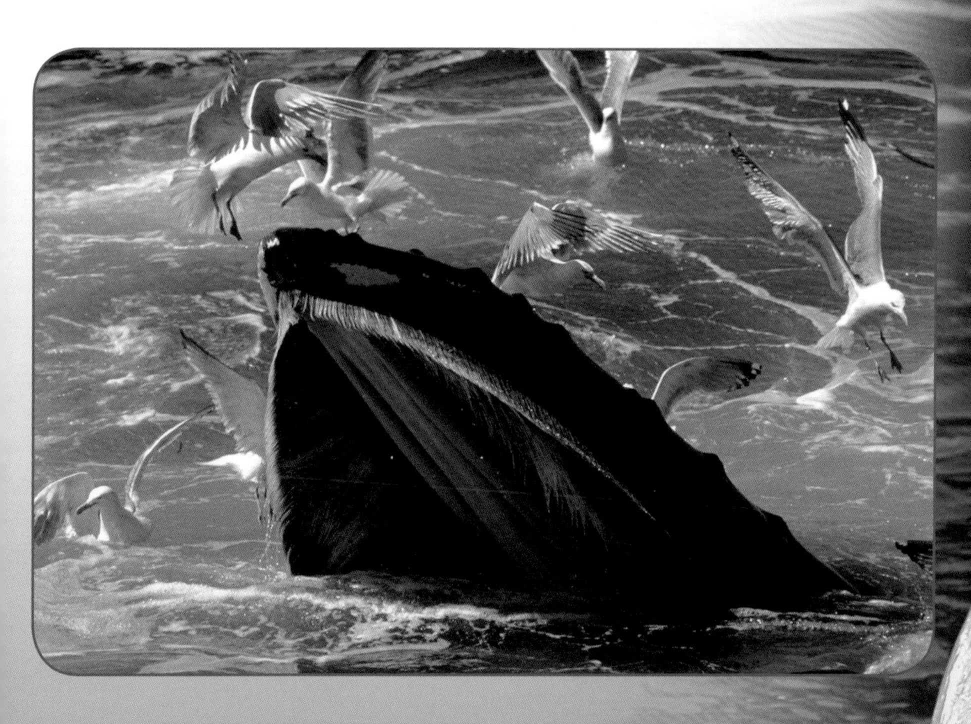

鲸鱼的嘴周围有细小的鬃毛，有助于它们感觉事物。

## 哺乳动物特征

鲸鱼是温血哺乳动物，这意味着它们能自己在体内产生并调节热量。鲸鱼借助位于头顶的气孔，通过肺部进行呼吸。与陆地哺乳动物一样，雌鲸会直接产下幼鲸，并用乳汁喂养它们，直到幼鲸能自食其力。

白鲸的心率为每分钟12～20次。

## 跳动的心脏

鲸鱼与所有哺乳动物所共有的另一个特征是，它们的心脏有四个腔室。不同种类的鲸鱼心率各有不同，大鲸鱼的心率通常比小鲸鱼慢，平均每分钟10～30次。它们在深海潜水时会降低心率，这样能防止在潜水过程中耗氧过大。

## 它们的不同之处

鲸鱼虽然是不折不扣的哺乳动物，但它们也有许多与其他哺乳动物不同的特征。它们没有骨头支撑背鳍。它们的下颚向前延伸，而上颚却向后收缩，它们的气孔长在头的顶部。鲸鱼没有皮肤腺、嗅觉或泪腺，耳朵也没有向外的耳廓。

鲸鱼与海狮、海牛等其他水生哺乳动物有显著的不同。

### 趣味百科

鲸鱼一般有四个胃，第一个胃最接近食道，是由食道变化而来。第一个胃的胃壁肌肉发达，是储存食物的地方。

# 鲸鱼的感官

鲸鱼的感官已经完全适应了水面以及水下的生活。

在黑暗的海底世界，视觉不如听觉重要。

## 鲸鱼的五官

鲸鱼能在水下看见东西，但它们的视力远不如听觉发达。这是因为声音在水里比在陆地上传播得快。鲸鱼的皮肤触觉很敏锐。而对于鲸鱼的味觉，科学家们争论不休，说法不一。它们的嗅觉很差，大多数鲸鱼几乎没有嗅觉。

人们认为地球的磁场对鲸鱼的迁徙有帮助。

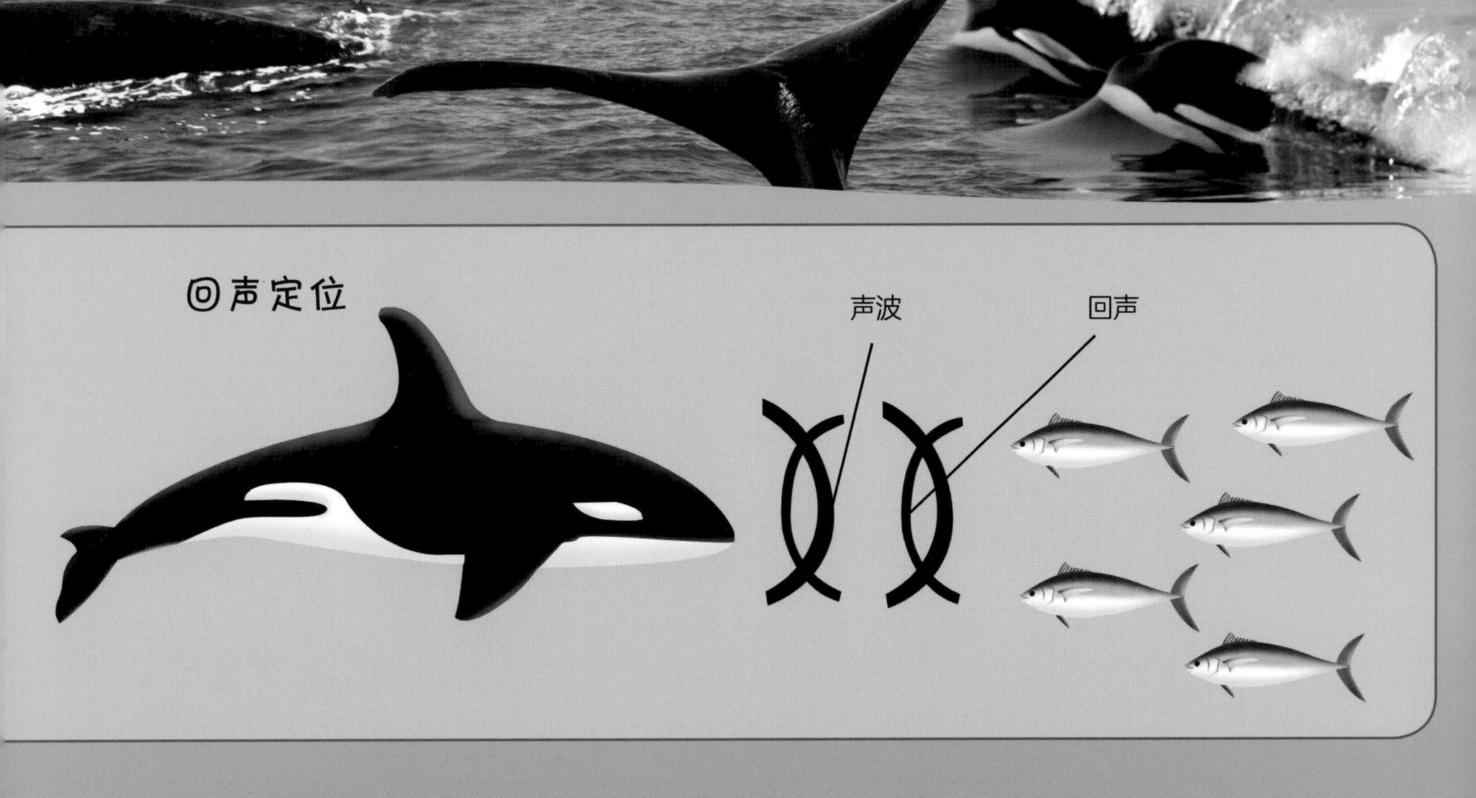


鲸鱼在水下利用回声定位为自己找路、发现捕食者、探测猎物，以及发现任何出现在它们面前的其他潜在危险。

## 回声定位

鲸鱼有高度发达的听觉。除此之外，它们还有回声定位的能力。回声定位是一个复杂的过程，鲸鱼发出的咔咔声，是从头顶上一个充满脂肪的瓜形器官传出的。声音碰到物体会以回声的形式立刻反射回来，被鲸鱼下颚处的一个充满脂肪的腔体接收，声音信号再从那里输送到大脑。回声定位可以帮助鲸鱼了解不同物体的形状、距离、质地和位置。

## 磁性特质

鲸鱼还有一种特殊能力。人类认为，它们能探测到地球磁场，并利用这种磁场能力在长时间的迁徙中导航。然而，目前还不清楚它们是如何做到这点的。一些科学家认为，鲸鱼有时会搁浅在海滩上，是因为地球磁场的异常将它们误导到那里。

### 趣味百科

齿鲸（如虎鲸）能够通过回声定位来精确地探测物体的大小、距离及质地，而须鲸没有这种能力。

# 鲸鱼的声音

鲸鱼为交流或其他目的而发出的声音，常常被称为鲸鱼的歌声。

★ 最令人难以忘记的是座头鲸发出的声音。

## 鲸鱼为什么会唱歌?

听觉对鲸鱼非常重要，它们所有的日常活动几乎都依赖听觉。这主要是因为它们的其他感官在水下不如听觉灵敏。鲸鱼利用声音进行交流、回声定位和导航。听觉还能帮助它们探测水深和障碍物的形状以及大小。

## 齿鲸

齿鲸的发声系统比须鲸复杂。高频的咔咔声和口哨声通过它们头顶的一个狭窄的通道产生，这个通道被称为声唇。空气通过这个狭窄的通道时使组织振动，从而发出声音。大多数鲸鱼有两套声唇，能发出两种不同的声音。

## 须鲸

与齿鲸不同，须鲸没有发音的声唇，它们用喉头代替。它们的喉头和人类相似，但发音机制与我们不同。它们在自己体内进行空气循环以产生声音。关于它们的发音机制，人类目前尚未完全了解。

须鲸通过喉头发出声音。

**趣味百科**

齿鲸能发出10~31 000赫兹之间的声音。

海豚和齿鲸的发音机制。

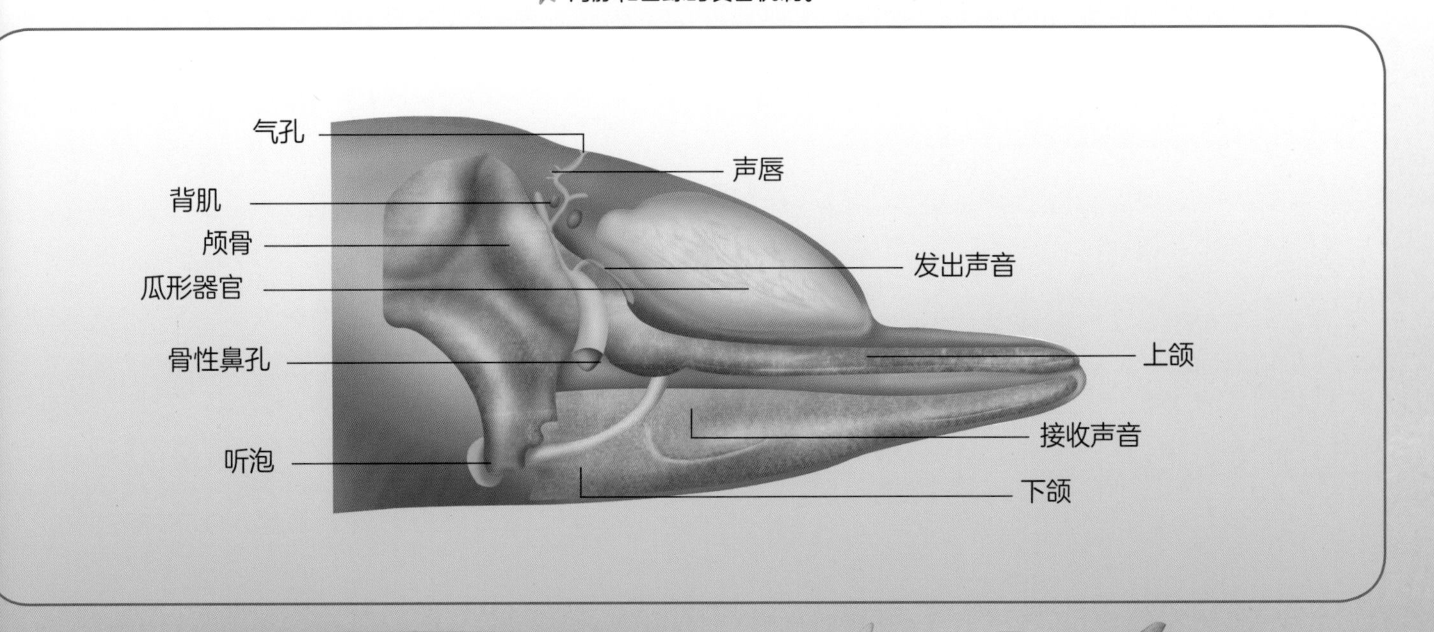

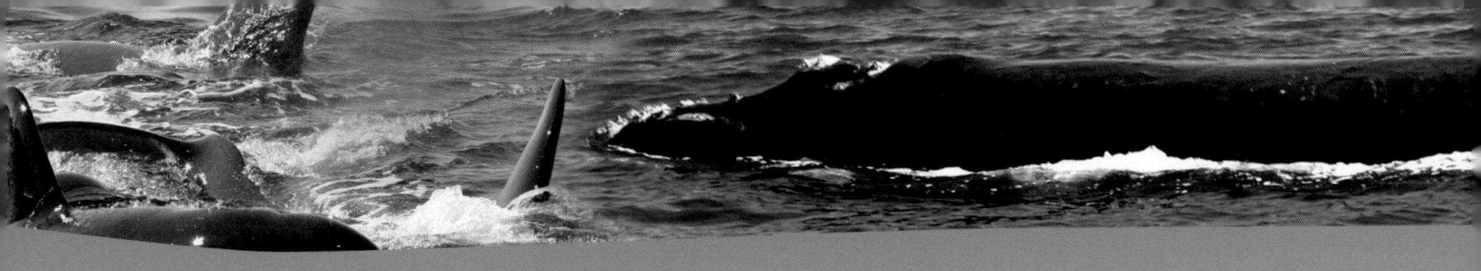

# 鲸鱼的睡眠

像所有哺乳动物一样，鲸鱼也需要睡眠。为了适应水下环境，它们特别调整了自己的睡眠习惯。

## 它们不睡觉吗？

鲸鱼的呼吸系统与陆地哺乳动物大不相同。这是它们适应水下环境的结果。实际上，它们是可以随意呼吸的。此外，由于它们生活在水下，所以必须保持不停地游动才能防止自己沉入海底。因此，鲸鱼不能进入深度睡眠，否则会被淹死！

## 鲸鱼睡觉

鲸鱼不能深度睡眠，并不意味着它们不睡觉。事实上，它们每天需要8小时的睡眠。为了做到这点，它们会让大脑的一部分睡觉，而另一部分保持清醒。人类认为，有些齿鲸采取集体睡觉的形式，让其中一个成员保持完全清醒，并负责提醒其他成员呼吸。

鲸鱼需要不停地游动，以免沉入海底。

### 趣味百科

关于快速眼动睡眠的研究，最初是由尤金·阿瑟林斯基和纳撒尼尔·克莱特曼开始的。

须鲸在水面漂浮时可以舒服地睡觉。

## 它们会做梦吗?

有一个有趣的问题，鲸鱼在睡觉时是否做梦？科学家对鲸鱼进行了睡眠脑电图测试。这个测试可以研究鲸鱼睡眠的各个阶段。据观察，鲸鱼很少进入快速眼动睡眠阶段。人类通常在这个睡眠阶段会做梦。这个结果表明鲸鱼的睡眠很浅，可能不会做梦。

鲸鱼的睡眠通常非常浅且无梦。

# 生活在水中

很久以前，鲸鱼、海豚和鼠尾豚都是陆地动物。经过数百万年的演变，它们已经适应了水下生活。

鲸鱼的骨骼结构很独特，这对它们游动有帮助。

## 鲸鱼的身体

鲸鱼的身体有许多独特之处，使得它们能自如地在水下游动。它们的身体呈流线形，以减少身体与水的摩擦。它们身上的毛发很少，也可以减少摩擦。鲸鱼有非常灵活的胸廓，有些鲸鱼的胸廓完全独立，且和脊柱不相连。这使得它们在呼吸的时候可以将胸腔完全打开，让更多的空气进入。

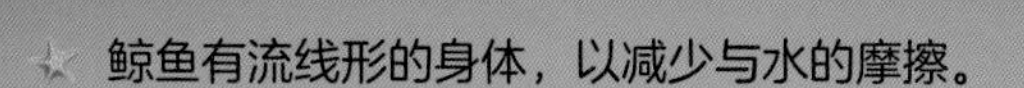

鲸鱼有流线形的身体，以减少与水的摩擦。

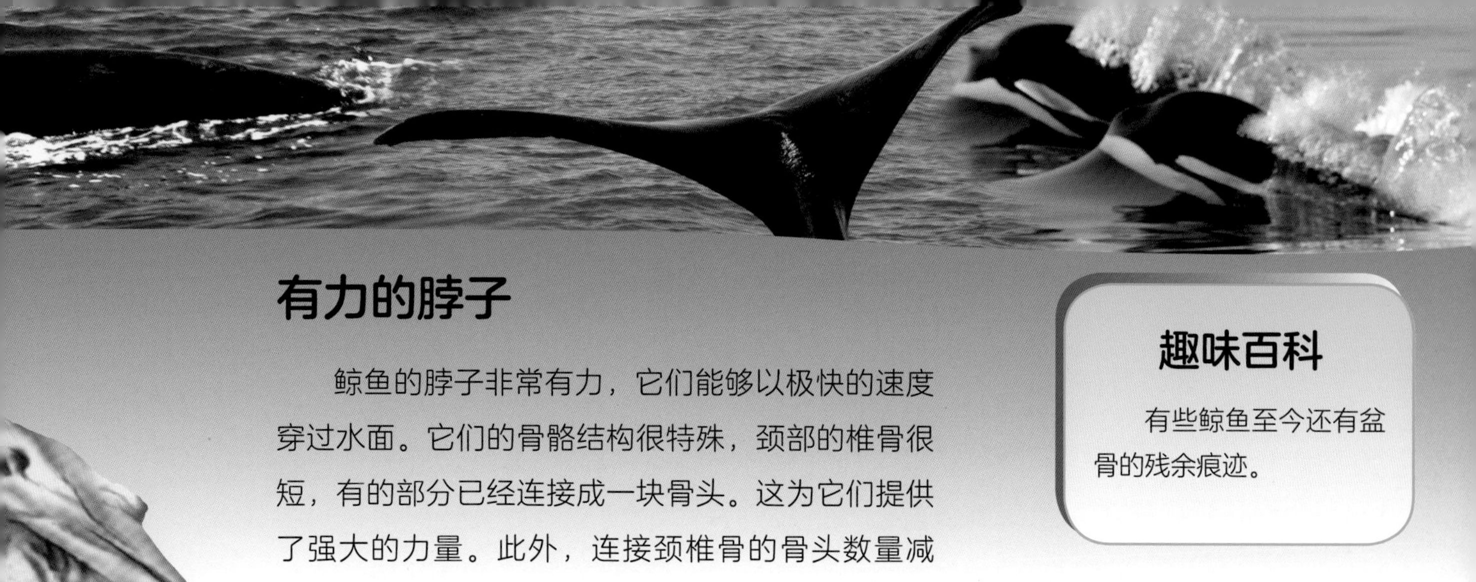

## 有力的脖子

鲸鱼的脖子非常有力，它们能够以极快的速度穿过水面。它们的骨骼结构很特殊，颈部的椎骨很短，有的部分已经连接成一块骨头。这为它们提供了强大的力量。此外，连接颈椎骨的骨头数量减少，这使它们在水下更为灵活。

### 趣味百科

有些鲸鱼至今还有盆骨的残余痕迹。

## 尾鳍和鳍肢

鲸鱼利用尾巴上的水平尾鳍推动自己在水中前进，鳍肢用来掌握方向。这些鳍短而扁平，内部由类似于手臂的骨骼或长长的手指状盘状腕骨构成。它们肘部的关节几乎固定在一个地方，使它们的鳍肢坚硬而直挺。所有这些特征都有助于它们高效地游动。

鲸鱼有非常坚硬的鳍肢，可以帮助它们在水中掌握方向。

# 热量调节

地球上有的海洋区域非常寒冷，鲸鱼必须有很好的保暖能力才能使自己存活。

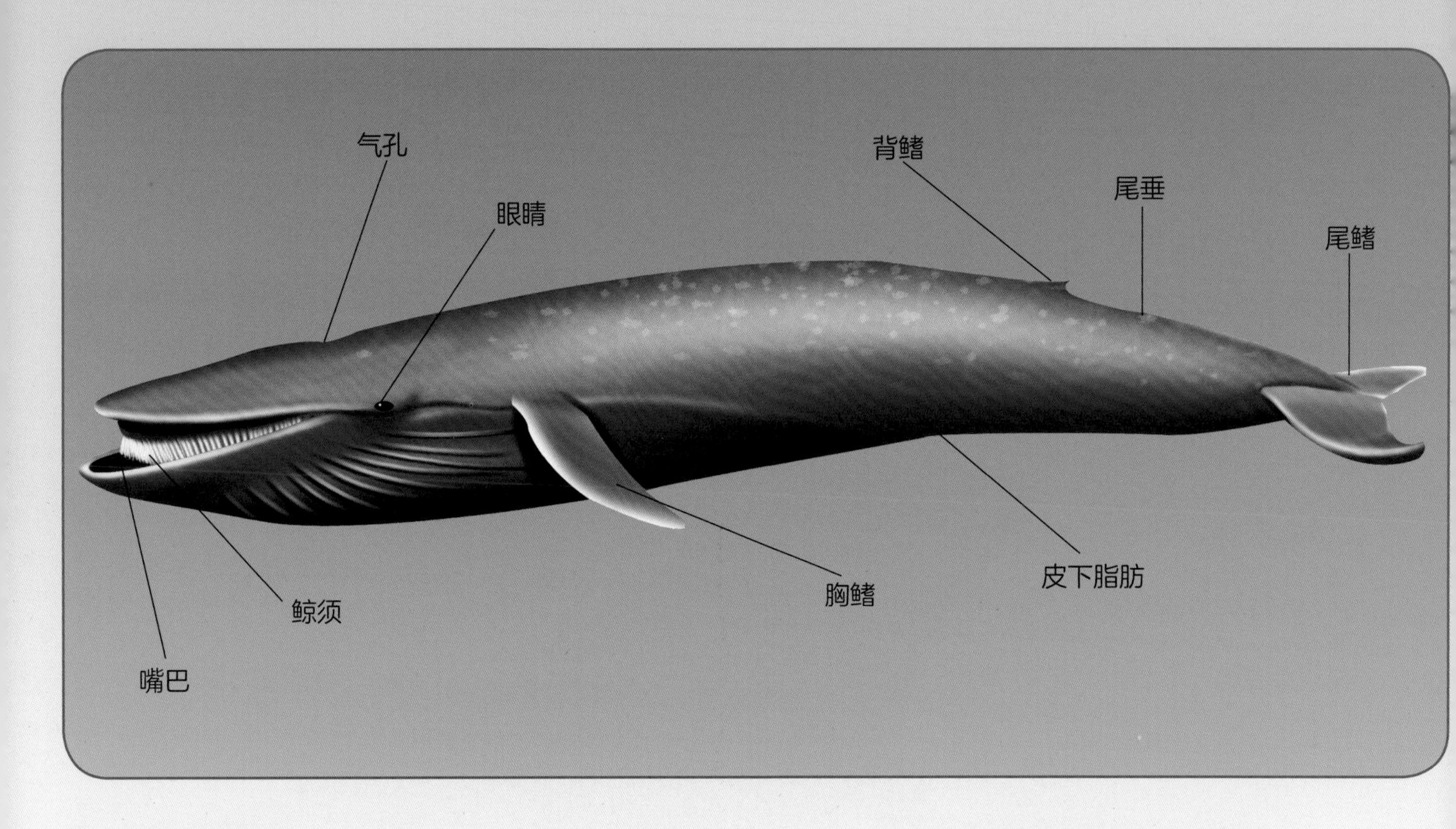


★ 鲸脂是鲸鱼皮下的一层脂肪。

## 有效保暖

鲸鱼最有效的御寒措施是它的鲸脂，即在皮肤下那层厚厚的脂肪。除了鳍肢和尾鳍等部位，鲸脂遍布鲸鱼全身。鲸脂起到隔离层的作用，保存鲸鱼体内的热量，并防止热量外泄。当食物短缺时，脂肪也被用作能量。

### 趣味百科

在相同的温度下，水中的热量损失速度是空气中的27倍。

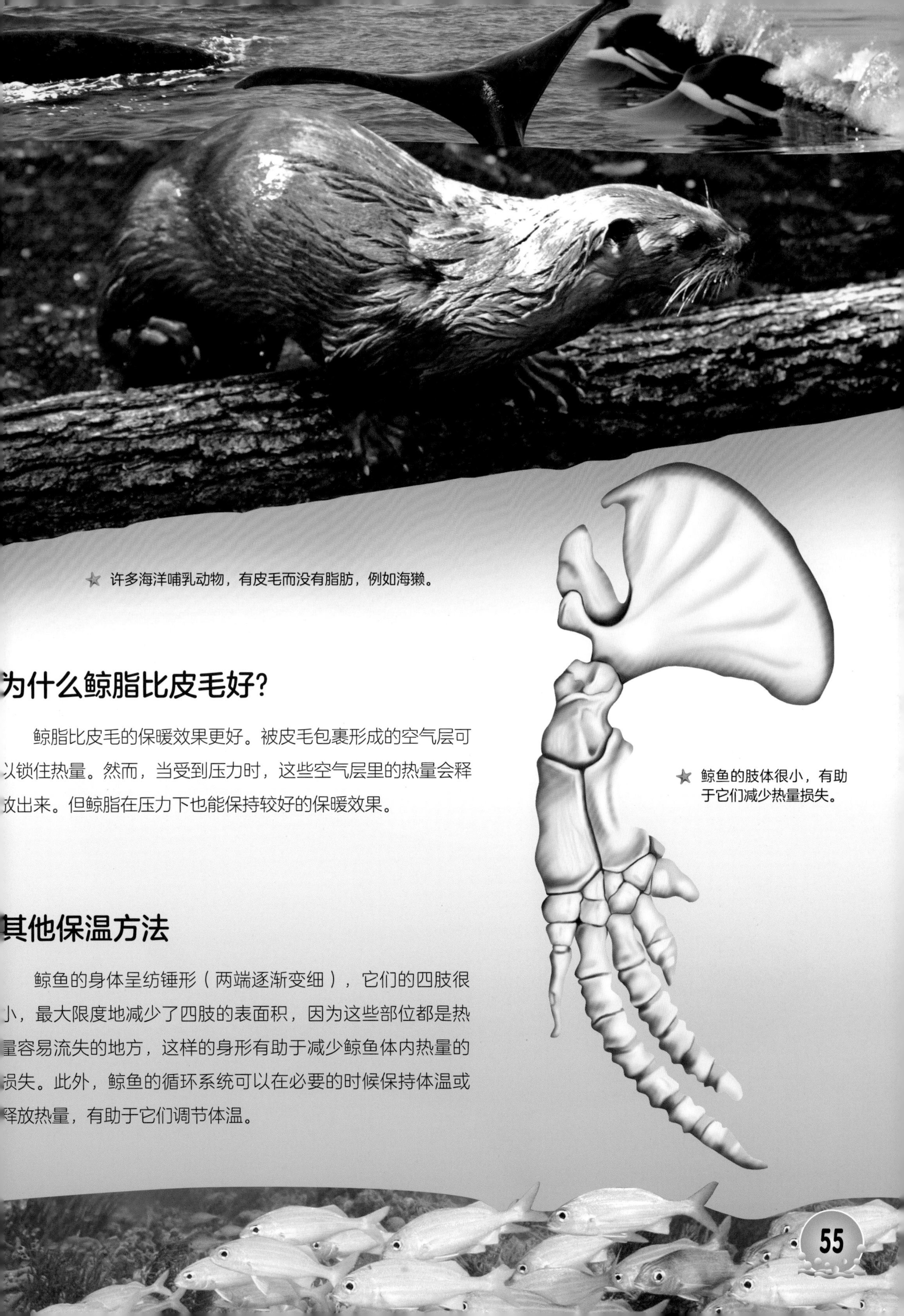

许多海洋哺乳动物，有皮毛而没有脂肪，例如海獭。

## 为什么鲸脂比皮毛好?

鲸脂比皮毛的保暖效果更好。被皮毛包裹形成的空气层可以锁住热量。然而，当受到压力时，这些空气层里的热量会释放出来。但鲸脂在压力下也能保持较好的保暖效果。

鲸鱼的肢体很小，有助于它们减少热量损失。

## 其他保温方法

鲸鱼的身体呈纺锤形（两端逐渐变细），它们的四肢很小，最大限度地减少了四肢的表面积，因为这些部位都是热量容易流失的地方，这样的身形有助于减少鲸鱼体内热量的损失。此外，鲸鱼的循环系统可以在必要的时候保持体温或释放热量，有助于它们调节体温。

# 鲸鱼的进食

世界上不同种类的鲸鱼有不同的进食方式。

## 过滤食物的方式

须鲸与齿鲸不同，它们没有牙齿，它们有像筛子一样过滤食物的鲸须板。须鲸有两个气孔，水从两个气孔喷出，呈大写的V字形。须鲸的体形通常比齿鲸大，雌性须鲸通常比雄性的体形大。

### 趣味百科

抹香鲸不用牙齿进食。它们的牙齿只用于表示愤怒和炫耀！

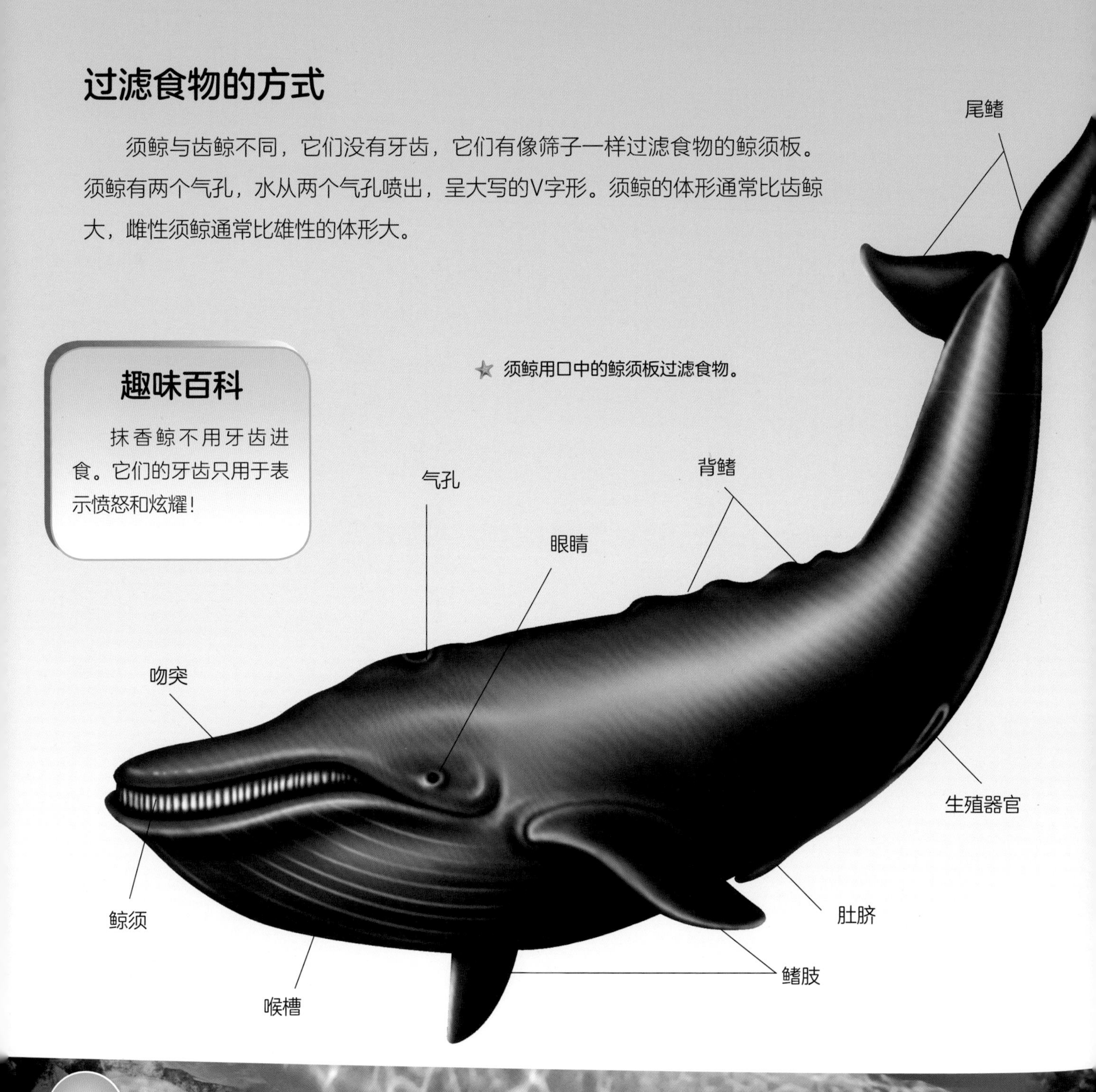


须鲸用口中的鲸须板过滤食物。

## 齿鲸的牙齿

齿鲸与须鲸的区别在于它们的气孔和牙齿。齿鲸体形较小，只有一个气孔，而不像须鲸有两个气孔。它们的头上有一个瓜形器官，从这个器官可以发出声音，用于进行回声定位。齿鲸没有声带，声音通过气孔发出。除此之外，齿鲸有牙齿，而须鲸没有牙齿。齿鲸的捕食能力很强，它们用牙齿捕获猎物，通常以鱿鱼、鱼类和小型海洋哺乳动物为食。

齿鲸有许多圆锥形的小牙齿，可以用来捕捉猎物。

在进食期，灰鲸的体重会增加16%～30%。

## 进食时间

大多数鲸鱼都有进食期。在进食期，鲸鱼的食物摄取量很大，多余的能量被储存为鲸脂。这些鲸脂在冬季为鲸鱼提供需要的营养。须鲸在夏季需要花4～6个月的时间集中进食，接下来的6～8个月则用于迁徙和繁殖。在这段时间里，它们几乎不进食，即使进食也很少。

# 深海里呼吸

鲸鱼是生活在海洋中的哺乳动物，和所有哺乳动物一样，它们将氧气吸入肺部，而不是像鱼一样通过鳃来过滤氧气。

## 气孔

鲸鱼通过它们的鼻孔呼吸，我们称之为气孔，通常位于鲸鱼的头顶，气孔通过气管与肺部相连，气孔周围有肌肉瓣覆盖。在水下或者在深潜之前，气孔周围强大的肌肉放松，这时，瓣膜将覆盖气孔，以防水流进入气管。我们知道抹香鲸能潜到2 800米的深水下超过2小时！

鲸鱼头顶的气孔使它们能够在水面上呼吸空气。

## 吸气和呼气

鲸鱼的呼吸是它们自己的一种有意识行为，有助于长时间地待在水下。当鲸鱼需要空气时，它们会浮出水面呼出不新鲜的空气，这时可以看到雾状的水汽从气孔喷出。然后，它们会在再次潜入水下之前吸入足量的新鲜空气。空气进入肺部，氧气由血液从肺部输送到身体的各部位。

### 趣味百科

与人类不同，鲸鱼不能用嘴呼吸。

鲸鱼呼气时，会有水汽从它的气孔喷出。

齿鲸的头顶只有一个气孔。

## 有多少气孔?

鲸鱼通过位于头顶的气孔呼吸。齿鲸通常只有一个气孔，而大多数须鲸有两个。须鲸的第二个气孔是随着时间的推移进化而来的，主要用于帮助回声定位。

# 亲爱的妈妈

所有的鲸鱼都是胎生哺乳动物，这意味着鲸鱼母亲生下幼崽并用乳汁哺育它们。

鲸鱼妈妈会保护和照顾它们的幼崽很长一段时间。

## 产崽

鲸鱼直接生下幼崽，它们喜欢在温暖的热带水域里产崽。鲸鱼往往规律性地产崽，通常每1～3年才生下一只小鲸鱼。鲸鱼有产双胞胎的情况，但非常罕见。不同种类的鲸鱼怀孕时间为9～18个月不等。

## 趣味百科

大型鲸类的怀孕期基本上都在12个月左右，虎鲸的怀孕期超过16个月。

## 幼鲸

新生鲸鱼在出生后几乎立马就可以游泳，它们会本能地头朝水面呼吸。小鲸鱼通常以母亲的乳汁为食。有的鲸鱼会哺育它们的幼崽长达一年之久。幼鲸通常有斑驳的颜色作为伪装，保护它们免受捕食者的攻击。新生鲸鱼有一层薄薄的毛发，随着年龄的增长，这些毛发会渐渐消失。

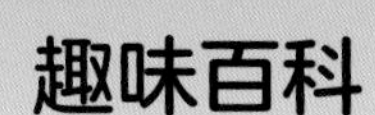

幼鲸一出生就能睁开眼睛，并且几乎立马就可以游泳。它们的感官十分敏锐。

## 巨大的蓝鲸宝宝

蓝鲸生下的幼崽是世界上最大的。这些巨大的鲸鱼宝宝通常长约7.6米，体重约5.4～7.3吨。蓝鲸的怀孕期为11～12个月，每2～3年生产一次。蓝鲸宝宝每天需要200升的奶，每天体重增加44公斤！

蓝鲸妈妈的乳汁中含有丰富的脂肪。

# 鲸鱼的种类

所有的鲸鱼都属于鲸目动物。到目前为止，人类已经发现的鲸鱼主要有两种类型，须鲸和齿鲸。

## 须鲸

须鲸从海水中获取它们的食物。须鲸组成鲸目动物的须鲸亚目。尽管体形庞大，但须鲸却以微小的生物为食。它们大量地食用磷虾。磷虾是一种虾状甲壳类动物。

须鲸的体形通常比齿鲸还大。

### 趣味百科

蓝鲸有320对鲸须板和深灰色的鬃毛。

齿鲸以鱿鱼、鱼类和海洋哺乳动物为食。

## 齿鲸

齿鲸利用牙齿捕捉猎物。它们只有一个用于循环系统的气孔，没有第二个气孔。在这个世界上，人类已知的齿鲸达66种之多。

## 什么是鲸须?

鲸须是一种坚硬而有弹性的网状物质，它的作用是让须鲸从水中过滤食物。它的主要成分是角蛋白，长在鲸鱼的上颌下方。它的周围衬着毛茸茸的边缘，帮助鲸鱼过滤水中的浮游生物和磷虾。

鲸须板的近照。

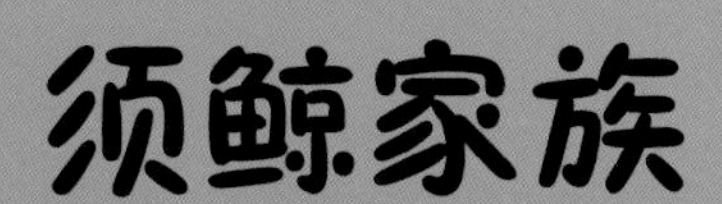


须鲸亚目的鲸鱼包括4科，共有14个种类。

## 它们是什么样子？

须鲸是地球上最大的动物之一。不是所有须鲸都以同样的方式进食。有的须鲸在游动时进食，有的须鲸则是一直张大嘴巴等待食物进入，有的须鲸两种方式皆用。还有一种进食的技巧被称为底栖喂养，是指它们在海床的淤泥中寻找食物。

座头鲸的下侧有白斑。

须鲸以不同种类的鱼、磷虾和浮游生物为食。

**趣味百科**

露脊鲸的上颚有多达100根细小的毛发，下颚大约有300根。

## 座头鲸

座头鲸是须鲸亚目里最令人印象深刻的一种。它们因能发出美妙动人的歌声和复杂的进食系统而闻名。座头鲸可以潜水长达30分钟。它们的名字来源于跳水时呈现出的姿势。大多数座头鲸的寿命约为45～50年。

## 露脊鲸

露脊鲸的头很大，下颚看起来像弓。它们的寿命可达60年以上。过去，因为它们体内存储的大量鲸脂，它们曾经遭到人类大肆捕杀。现在这一情况已得到较大改善。

露脊鲸的颜色大多为黑色或深灰色，并有棕色或白色斑点，或两者兼有。

# 齿鲸的微笑

齿鲸构成了鲸目动物里的齿鲸亚目，它们的主要特征是牙齿和独特的捕食方式。

☆ 齿鲸利用牙齿捕捉食物（如鱿鱼、鱼类和小型海洋哺乳动物）。

## 看看我的牙齿

齿鲸与须鲸的不同之处，主要在于它们用牙齿捕获食物。然而，它们却不能用钉状牙齿进行咀嚼。有些齿鲸牙齿多达250颗，而有些种类的齿鲸可能只有2颗牙齿！

## 抹香鲸

所有齿鲸中体形最大的是抹香鲸。它们的体长可达17～20米，体重可达36～45吨。它们的头部也是所有动物中最大的，大脑很大，重量可达9公斤。抹香鲸头上的一个器官能产生一种鲸油，可以起到保护作用。它们的寿命可达70多年。

抹香鲸是最大的齿鲸，由于其体形庞大，它们的游动速度非常缓慢。

### 趣味百科

人们常常看到抹香鲸像浮木一样漂浮在水面上，尾巴向下垂着。其实，此刻的它们正在睡觉。

## 独角鲸

独角鲸是一种迷人的齿鲸，雄性独角鲸拥有一颗长长的牙齿，它们因此而得名。这些鲸鱼生活在寒冷的北极地区，很少有人见过它们，因此对它们了解较少，也增添了它们的神秘感。雄性独角鲸的上颚有2颗牙齿。左牙很长，是中空的，呈扭曲的形状，其主要功能用于自我保护。独角鲸通常聚成4～20头的鲸群，它们主要以虾、鱿鱼和小型海洋哺乳动物为食。

独角鲸的长牙可长达3米!

# 感受蓝鲸

蓝鲸不仅是世界上最大的鲸鱼，也被认为是人类已知在地球上生存过的体积最大的动物。

蓝鲸的体形比其他生活在水下的所有生物都大。

## 我们很大

雌性蓝鲸的体形通常比雄性大。它们的平均身长可达25米，体重可达109吨。世界上最大的蓝鲸身长29米，重达158吨！蓝鲸的心脏巨大，重约450公斤。

## 我们的外表

蓝鲸是巨大的须鲸，有两个气孔和一层厚厚的鲸脂。它们通常呈蓝灰色。它们的喉咙上有个凹槽，其作用是进食的时候，让它们的喉咙可以扩张。这些巨鲸的腹部有黄色、灰色或棕色的斑块。它们的背鳍很小，呈镰刀形，且靠近尾巴。蓝鲸仅血液就重达6 400公斤。

蓝鲸的鳍长约2.4米，宽约7.6米。

## 趣味百科

蓝鲸的叫声非常尖锐，可达188分贝。人类的声音只能达到70分贝左右。

## 蓝鲸吃什么？

蓝鲸是食肉动物，在进食时借助自己的鲸须板，以小鱼、浮游生物和诸如磷虾等微小甲壳动物为食。它们采用直接吞咽的方式，也就是说，它们吞下一大口水，将水滤掉，留下其中的食物。它们的上颚大约有320对黑色鲸须板，边缘有深灰色的刚毛。蓝鲸的舌头巨大，重量可达3.8吨！一头普通体形的蓝鲸每天可以吃掉4 100公斤的食物，这是个惊人的数字。

☆ 蓝鲸以大量磷虾、浮游生物、其他小型甲壳类动物和小鱼为食。

# 夏日假期

我们知道，鲸鱼每年迁徙数千公里，产下幼崽并喂养小鲸鱼。

鲸鱼每年进行季节性迁徙。它们通常采取群体行动。

## 长途迁徙

与其他鲸目动物一样，鲸鱼有季节性迁徙的习惯。其中尤为著名的是须鲸，它们的迁徙路线特别长。大多数鲸鱼在迁徙时，会以小型鲸群的形式行动。它们迁徙到寒冷水域觅食，然后回到温暖水域里生育幼鲸。

### 趣味百科

成年座头鲸在冬季不进食。它们依靠自己的鲸脂生存。

## 长途迁徙

所有鲸鱼里迁徙路线最长的是灰鲸。它们往返于目的地一次的距离可达19 312公里。每年的10月，它们开始从位于楚科奇海和白令海的觅食区域向南迁移，来到墨西哥的下加利福尼亚的繁殖区域。它们在那里停留2～3个月以后再返回到觅食区域。

灰鲸的迁徙距离是所有鲸鱼中最长的。

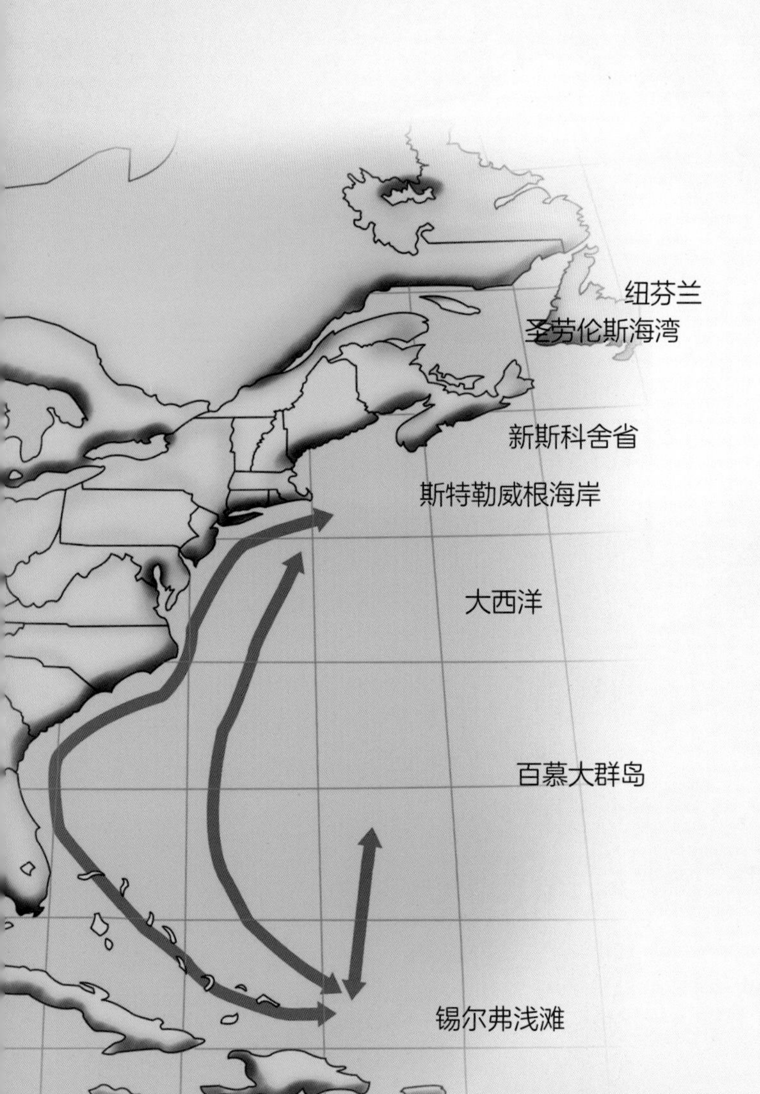


## 座头鲸的迁徙

座头鲸的迁徙距离约6 437公里。在冬季，它们来到温暖的热带水域产下幼鲸；在夏季，它们迁徙到极地的寒冷水域寻找食物。在长途迁徙的过程中，它们通常不休息。它们的游动速度很快，有时能达到每小时14公里。

座头鲸沿北美洲东海岸线迁徙。

# 在书籍和文化中

无论是在古典文学还是通俗文学中，我们能看到鲸鱼被多次提到。在许多文化中，它们是神圣的象征。

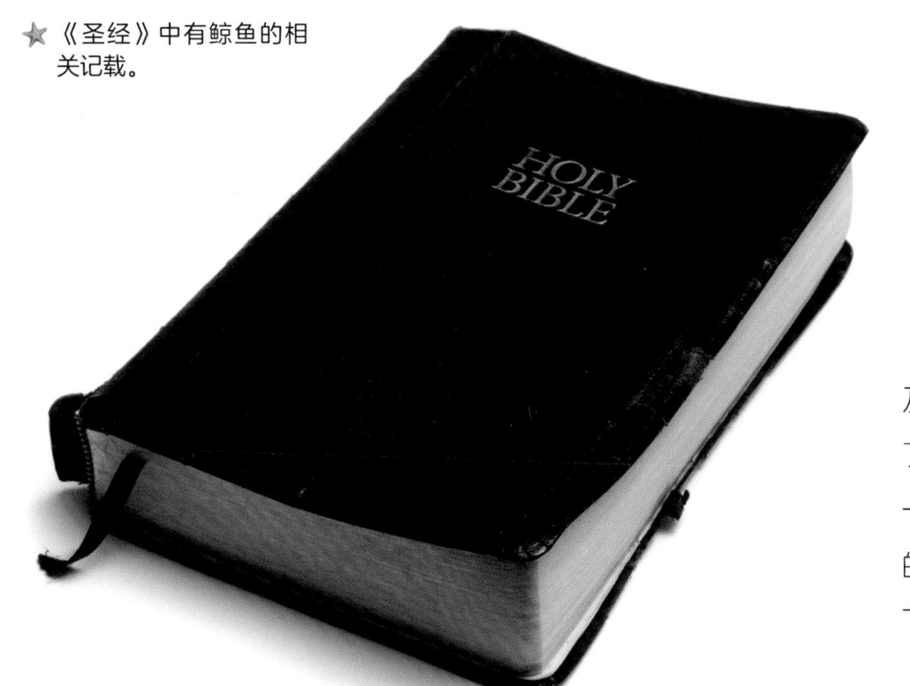


《圣经》中有鲸鱼的相关记载。

## 《圣经》里的鲸鱼

在《圣经》中，鲸鱼被多次提及。詹姆士国王版的《圣经》介绍了四个不同地方的鲸鱼。《创世纪》一书还提到了上帝是如何创造大鲸鱼的。另外，据说先知约拿被鲸鱼吞下。《古兰经》也提到过类似故事。

马尔马拉海。

## 神圣的鲸鱼

在越南和加纳的部分地区，鲸鱼被认为是神圣的。人们会为海滩上发现的死鲸举行葬礼，这一习俗是从越南早期的南亚文化中继承下来的。在世界上的许多地方，例如阿拉斯加的科迪亚克岛和锡特卡岛，人们通过唱歌、赏鲸活动等来歌颂鲸鱼。

越南渔民有时会为死去的鲸鱼举行葬礼。

## 在文学中

鲸鱼在文学作品中也多次被提及。英国史诗《贝奥武夫》把大海里的航行描述为一条“鲸鱼之路”。有一位重要的东罗马学者和拜占庭历史学家、凯撒利亚人普罗科皮乌斯，他在作品里记载了一头鲸鱼破坏了马尔马拉海的渔业的事件。美国小说《白鲸记》介绍了一艘捕鲸船寻找抹香鲸的故事。

### 趣味百科

希腊神话中的海神波塞冬，是海洋和水域的主宰，他的坐骑是一头巨大如山的鲸鱼。

# 已灭绝的鲸鱼

经过数百万年的进化，鲸鱼从相当于现代狼那么大的陆生生物，进化成了通过气孔呼吸的水生哺乳动物。

## 巴基鲸

现代鲸鱼的早期祖先中，有一种是巴基鲸。这些早已灭绝的生物，生活于数百万年前的始新世早期的陆地上。它们的化石在巴基斯坦的一个小地方被发现，这个地方曾是古特提斯海岸线的一部分，巴基鲸也因此而得名。这些早期“鲸鱼”完全是陆地生物，大小和现代狼相似，它们的外形与另一种已经灭绝的名叫中爪兽的生物也很像。

## 游走鲸

游走鲸或“走鲸”是一些早期在陆地上活动的鲸鱼。这些远古生物既可以在陆地上活动，也可以在水中活动。它们的化石对于研究鲸鱼从陆生哺乳动物到水生哺乳动物的进化起到非常重要的作用。它们的牙齿表明，它们在淡水和咸水中都能生存。

巴基鲸的遗骸化石最早于2001年在巴基斯坦被发现。

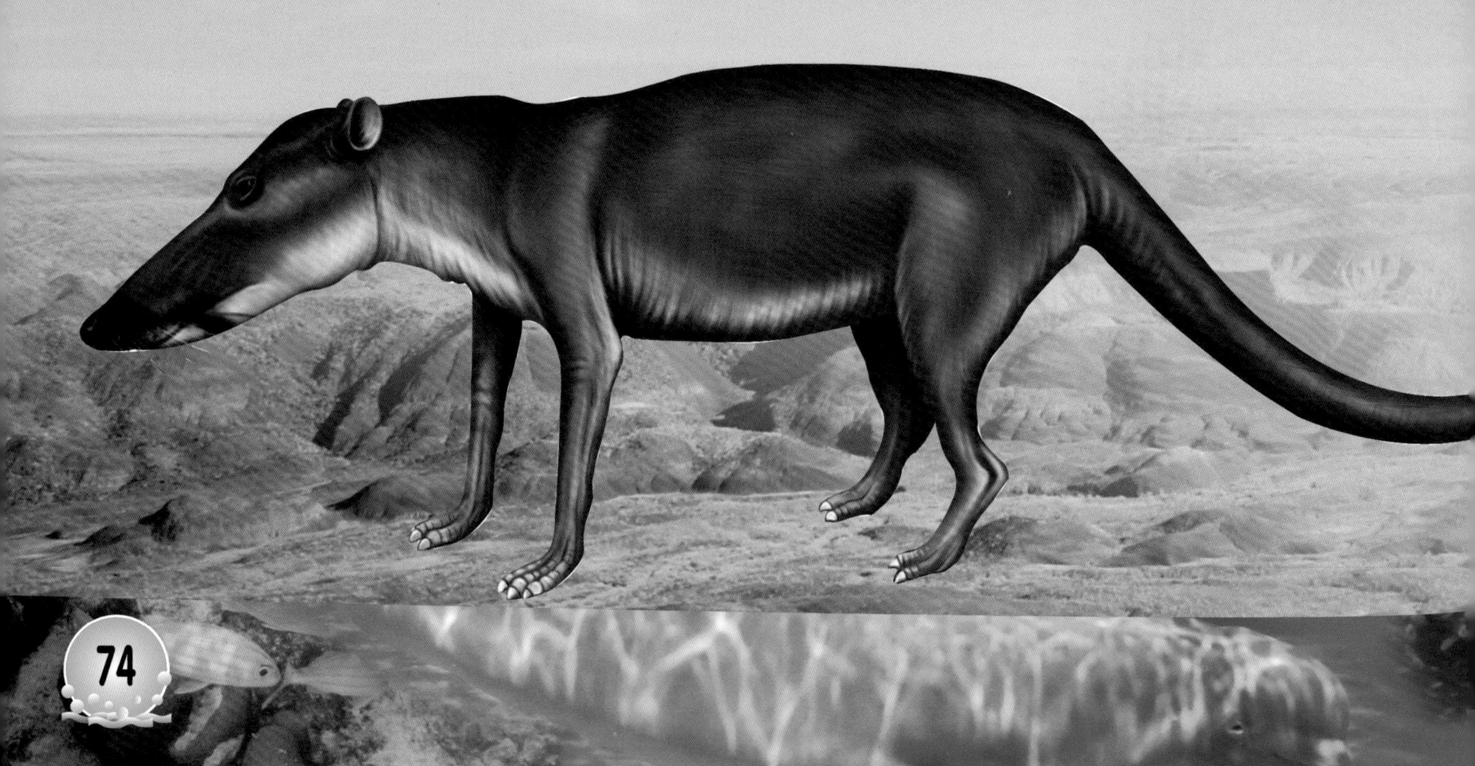

游走鲸有一个很特别的鼻子，这使得它们在水下也能吞咽。

**趣味百科**

有的生物学家认为，背脊鲸以及它进化以后的物种，现在以海蛇的形式存在。

## 背脊鲸

背脊鲸是现代鲸鱼的祖先之一，它非常令人着迷。它是完全水生生物，不能在陆地上活动。但它们的化石显示出它们的尾鳍附近还有后肢的残留。背脊鲸最早发现于3 500万到4 000万年前，有一个巨大的像蛇一样长的身体，长度约为18米。

背脊鲸

# 濒危鲸鱼

对鲸鱼较大的威胁通常来自于人类！人类的捕鲸活动使它们的数量大大减少。

## 猎杀鲸鱼

几个世纪以来，人们为了获取鲸鱼肉、鲸须板和鲸脂，长期捕杀鲸鱼。捕鲸活动在19世纪和20世纪最为猖獗，从而导致鲸鱼的数量骤减。为了保护它们，现在已有很多国家禁止捕鲸。然而，在另一些国家，如日本、冰岛和挪威等，尽管受到了国际社会的严厉谴责，仍然允许捕鲸活动大行其道。

### 趣味百科

科学家们已经发现，有毒化学物质会导致鲸鱼的听力丧失。

许多鲸鱼意外地被困入捕鱼船撒出的渔网中，成为了人类的副渔获物，甚至死亡。

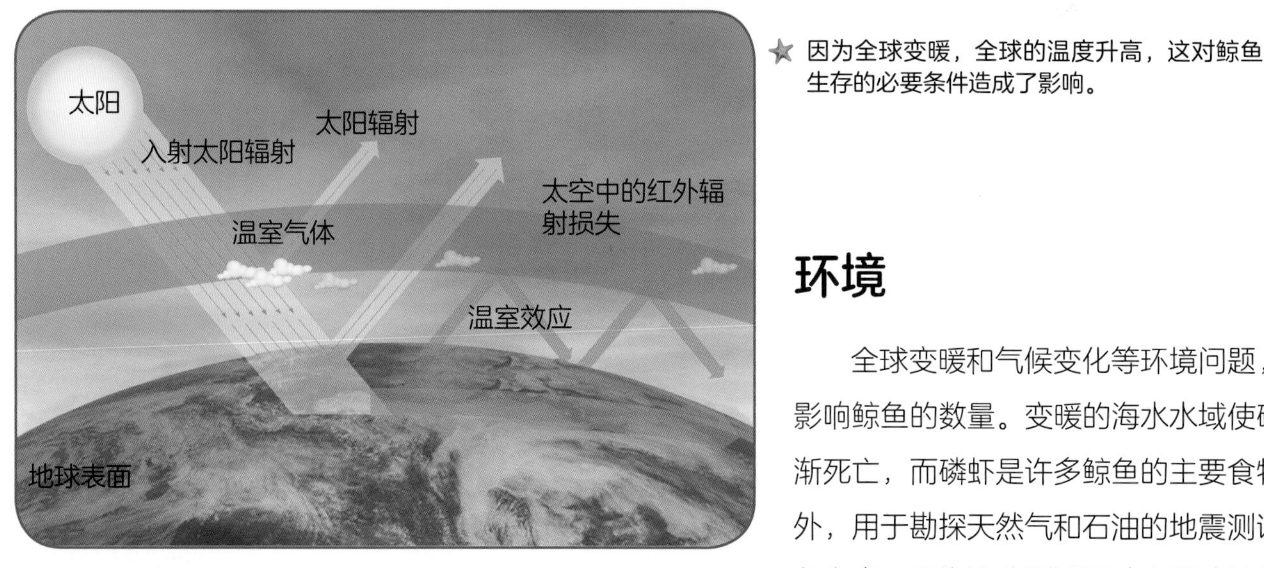


因为全球变暖，全球的温度升高，这对鲸鱼生存的必要条件造成了影响。

## 环境

全球变暖和气候变化等环境问题，正在影响鲸鱼的数量。变暖的海水水域使磷虾逐渐死亡，而磷虾是许多鲸鱼的主要食物。此外，用于勘探天然气和石油的地震测试对鲸鱼有害，因为这些测试活动会影响鲸鱼的听觉和回声定位能力。

## 人为因素

来自人类的有害行为，对世界各地的鲸鱼种群造成了很大的伤害。例如，人类向鲸鱼生活区域及其周围水域倾倒有害毒素，破坏了它们的栖息地；粗心的捕鱼和船舶事故也是造成它们数量减少的原因之一。

污染海洋的垃圾不断被冲到海滩上。

# 趣事一览

- 蓝鲸是世界上最大的动物，它的体长可以达到相当于9层楼高的长度。
- 侏儒抹香鲸是最小的鲸鱼，成年侏儒抹香鲸的体长约2.6米。
- 短鳍领航鲸是游得最快的鲸鱼，它们的速度可以达到48公里/时。
- 灰鲸迁徙的距离最长，每年需要迁徙大约19 312公里。
- 动物世界里大脑体积最大的是抹香鲸。
- 露脊鲸死后，它们的身体会浮在水面上。
- 座头鲸有时被称为“会唱歌的鲸鱼”。

- 长须鲸进行自我保护时用它们的鳍作为武器。
- 海洋中最濒危的鲸鱼是北露脊鲸。
- 露脊鲸的鲸须是所有鲸鱼中最长的。
- 露脊鲸发出的声音是所有鲸鱼中频率最低的，为3～5赫兹。
- 鲸鱼和河马是近亲。
- 关于独角兽的传说来自独角鲸。
- 蓝鲸每一口可以吞下相当于25.6万杯容量的海水，然后通过鲸须板将水排出。
- 齿鲸用声呐波定位猎物。

# 海豚

海豚是世界上最令人着迷的生物之一。它们因聪明、友善而受到人类的喜爱。

★ 开阔的海洋。

★ 世界上有许多种类的海豚，每一种都有独特的行为方式。

## 以水为家

海豚是生活在水下世界的温血哺乳动物。几乎遍布世界各地，其中宽吻海豚分布最广。它们喜欢在大陆架附近的浅水区域活动。不过有一些海豚，如粉色海豚，也曾在大型河流中被发现。每一种海豚都有它们特别适应的生活区域，那里有它们习惯吃的食物，也有它们可能会面对的捕食者，以及可能遇到的生理挑战。

### 趣味百科

海豚的祖先是陆地动物。

## 我们的样子

海豚是鲸鱼和宽吻海豚的近亲。事实上，它们属于齿鲸类，是鲸目动物中的海豚科。海豚体形比宽吻海豚大，雄性海豚的体形比雌性海豚大。它们的嘴巴尖尖的，像鸟的喙，圆锥形的牙齿在嘴里排列一圈。

★ 海豚独特的牙齿和喙。

## 我们很年轻

海豚物种从大约1 000万年前的中新世时期进化而来。如今，海豚在世界上有17个属，大约有40个种类。不同种类的海豚大小不一，体形长度为1.2～9.5米不等，体重为40～10吨不等！

# 起源

海豚在这个世界上，相对比较年轻。它们进化于大约1 000万年前的中新世时期。

海豚的脊柱表明，它们是从陆地动物进化而来。

## 早期海豚

海豚从曾经生活在陆地上的哺乳动物进化而来。因此，它们仍然保留着陆地动物的某些特征。例如，所有的海豚都能在空气中呼吸，有的海豚还有残留的后腿。而且，它们的脊柱结构表明，它们的祖先可以行走在陆地上，而不是生活在水里。

## 完全水生

早在3 800万年前，海豚的祖先就已经完全变成了水生动物。龙王鲸和矛齿鲸是海豚的两个水生祖先。虽然它们的样子看起来非常像现代的海豚和鲸鱼，但当时的它们与现在的海豚还是有相当大的差别。当时的它们没有像现代海豚的瓜形器官，不能发出声音。它们的大脑较小。并且它们喜欢独居，而不像现代的海豚喜欢社交。

### 趣味百科

基因测试表明，海豚与河马也有亲缘关系。

★ 早期的龙王鲸。

## 陆地上生活时期

海豚的早期祖先被称为古鲸。这些生物从大约6 500万年前的古新世早期开始进化而来。当时，它们完全生活在陆地上。直到后来的始新世，它们在水里生活的时间开始多过在陆地上的时间。海豚的陆地祖先之一被称为巴基鲸，外形与现代的狼相似。

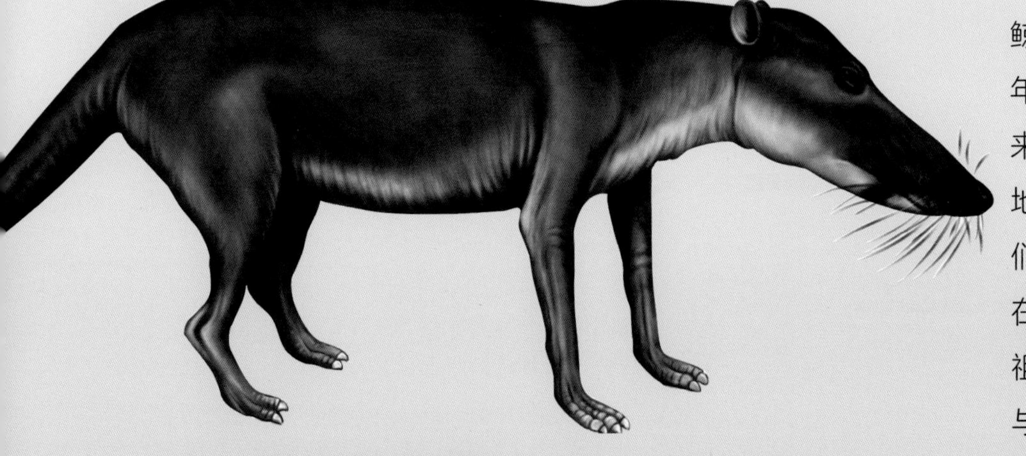

★ 在巴基斯坦发现巴基鲸遗骸。

# 海豚的声音

海豚能发出不同的声音，其中一些用于交流，一些用于识别方向和物体。

## 不同的声音

海豚是一种能制造多种声音的动物。它们通过呼吸孔下面的鼻孔发出鼻音。它们发出三种主要的声音：咔咔声、口哨声和脉冲声。后两种声音用来和其他海豚进行交流。咔咔声主要用于定位，识别不同的物体，并判断物体离自己的距离，被称为“回声定位”。

海豚张开嘴可以发出三种声音：咔咔声、口哨声和脉冲声。

## 什么是回声定位?

回声定位，也被称为生物声波，是动物利用回声定位物体的能力。许多动物，如蝙蝠、鲸鱼和海豚，都会使用这种方法。它们发出声呐波，接触到物体，然后以回声的形式反射回来。声音从动物到物体再返回到动物所用的时间，可以显示出物体与动物之间的距离。回声定位还可以帮助确定其他动物的大小和位置。

蝙蝠能利用回声定位来确定方向。

**趣味百科**

海豚用于回声定位的咔咔声，是海洋里所有动物发出的声音中最大的。

## 找可以找到方向

海豚的鼻孔位于头部一个瓜形器官的后面，它们通过这个鼻孔发出高频的咔咔声。这种声波被缩小成很细的一束，释放到周围环境中。当它们接触到一个物体，随即作为回声折返，然后被海豚的下颚接收，再从下颚进入到海豚大脑，帮助它们辨别自己的方向。

# 海豚的感官

海豚拥有敏锐的感官，包括听觉、视觉和触觉，使它们的水下生活更容易。

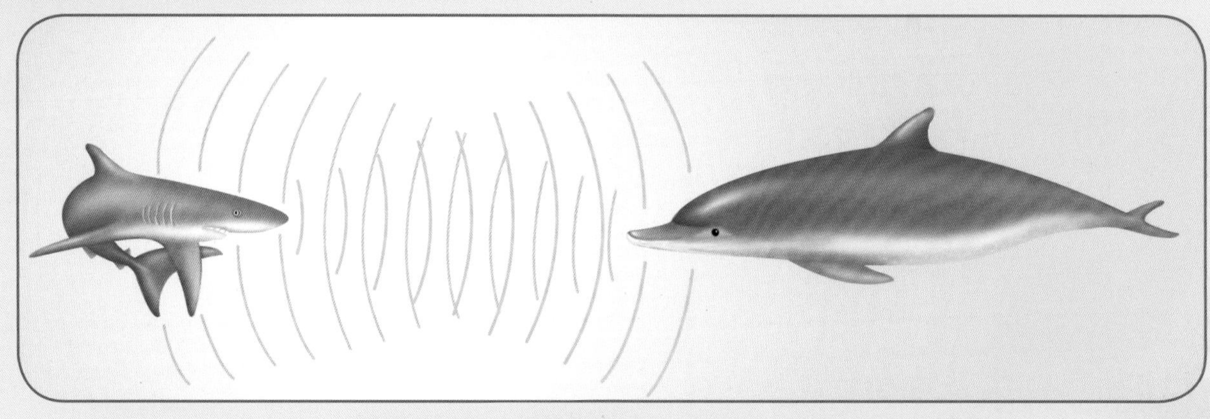

一只海豚发出的声音碰触到物体后，以回声形式返回并被下颚所接收。

## 我能听到你!

海豚的听觉非常发达，甚至比人类的听觉还灵敏。它们的头部两侧各有一个小耳朵，内耳被一种名为听泡的骨头覆盖。声音穿过下颚里一个充满脂肪的腔体进入到中耳，再从中耳传输到大脑。海豚的中耳有大量的血管，它们可以在潜水时起到平衡压力的作用。海豚的耳朵有助于回声定位。

## 其他感官

无论是在水下还是水上，光线明亮或是昏暗，海豚都有很好的视力。有些海豚，如宽吻海豚，它们在水面上有双目视觉。它们的触觉也很发达。众所周知，海豚会互相爱抚以表示爱意。海豚几乎没有毛发，但它们有毛囊，这对它们的触觉感官有帮助。

### 趣味百科

宽吻海豚能听到频率在1~150千赫频率范围内的声音。

## 味觉和嗅觉

海豚的味觉不如它的另外三种感官灵敏。它们表现出对某些鱼的偏爱，这可能更多的是因为鱼的质地，而不是因为味道。海豚没有嗅觉，因为它们缺乏嗅觉神经。

海豚喜欢吃鱼。

海豚是非常感性的动物。

# 游泳能力

海豚无论是从身体的形状和结构，还是食物或行为方式，都已完全适应了水下的生活。

## 水下生活

海豚已经完全适应了水下生活。它们的下颚有敏感的皮肤帮助识别物体。头顶有一个气孔，可以在水面上呼吸空气。它们的视力，无论是在水下还是水上，都非常发达。拥有这样的感官系统，使它们的水下生活变得更容易。

★ 海豚的头顶上有一个气孔，帮助它们在水面上呼吸。

背鳍可以帮助海豚在游泳的时候保持平衡。

## 游泳健将

大多数海豚的体形都呈流线形，有助于它们在水下快速游动。它们的皮肤能分泌出一种油性物质，使它们能在水中毫无阻力地前行。海豚全身有一套复杂的神经系统，能有效增加它们的游泳速度。它们有胸鳍和短鳍，主要用于在水下操纵方向。大多数海豚都有背鳍。

### 趣味百科

海豚跟人类一样，会蜕皮并长出新的皮肤。

## 与周围环境相融合

海豚采取的伪装形式，被称为反阴影伪装。大多数海豚的背部是灰色、灰绿色或灰褐色的。这些颜色在水下呈现为浅灰色或白色。从水面上往下看，它们背部的颜色与海洋的深蓝色融为一体。从水下往上看时，它们腹部的白色与海洋浅水区较浅的颜色相融合。

反阴影伪装有助于海豚与周围环境融为一体，避开捕食者。

# 聪明的生物

全世界的研究人员都在试图研究海豚的智力。有人认为海豚比狗更聪明。

## 你的大脑有多大?

动物大脑的尺寸与身体的比例大小关系，是一种较简单的分析动物智力的方法。相对身体的比例，大脑的尺寸越大，意味着智力越高。海豚的大脑和身体尺寸比例是人类的一半。但是，如果我们排除海豚身体里脂肪的体积，这个比例就很接近了。此外，我们很难将水生动物和陆地动物的大脑进行比较，因为它们的大脑被用来执行完全不同的任务。

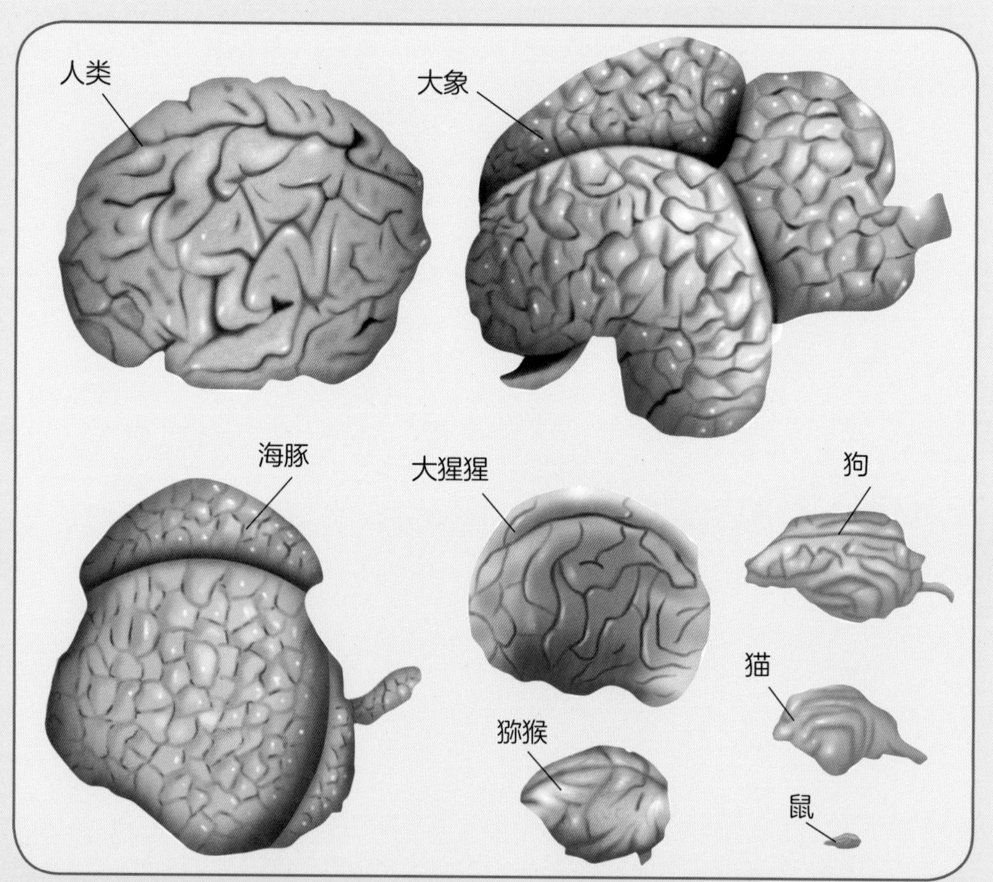


大脑与身体的比例是衡量智力的一种简单方法。

### 趣味百科

新生宽吻海豚的大脑重量占成年海豚的42%。而人类新生儿的这个数字只有25%。

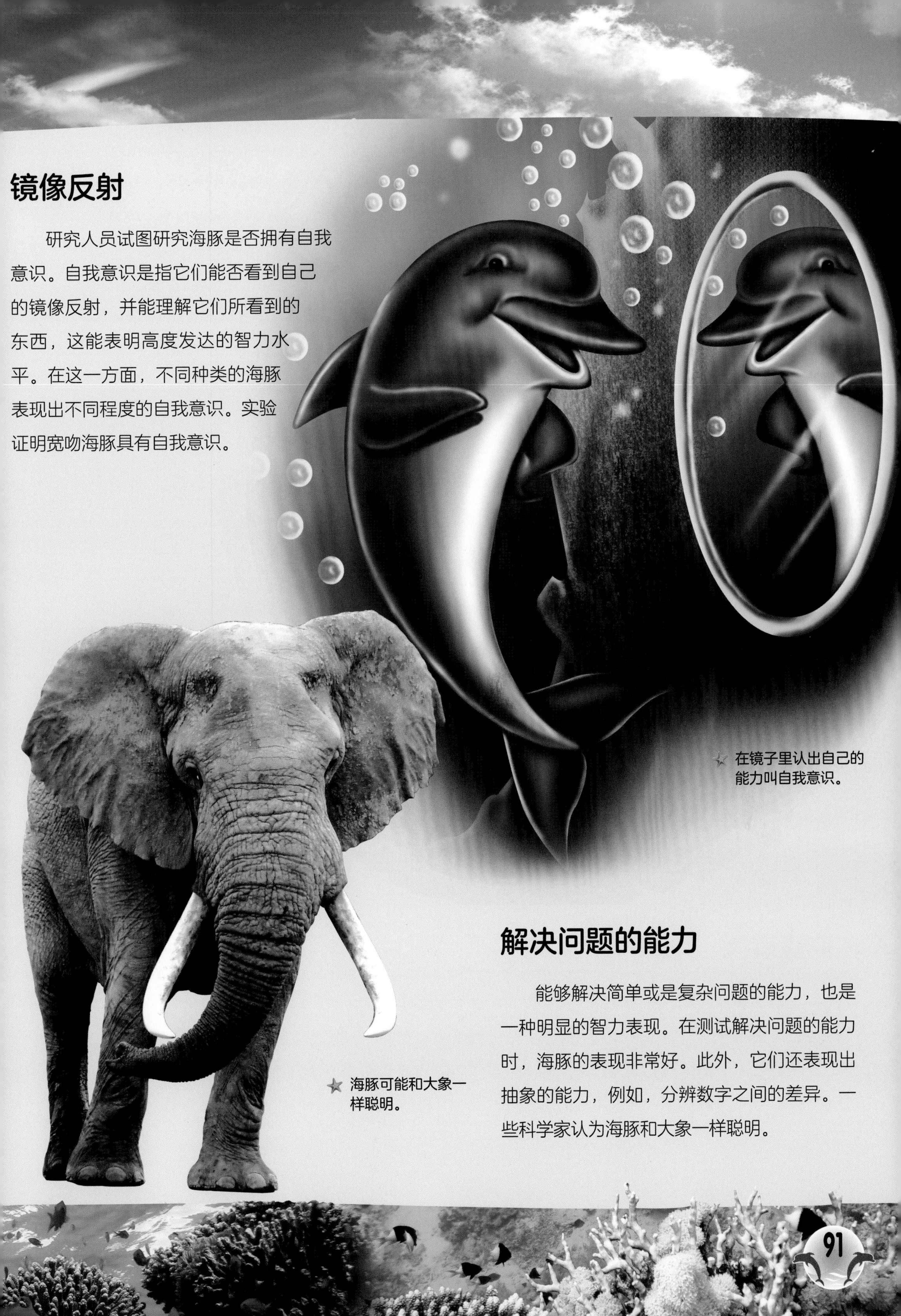

## 镜像反射

研究人员试图研究海豚是否拥有自我意识。自我意识是指它们能否看到自己的镜像反射，并能理解它们所看到的东西，这能表明高度发达的智力水平。在这一方面，不同种类的海豚表现出不同程度的自我意识。实验证明宽吻海豚具有自我意识。

在镜子里认出自己的能力叫自我意识。

## 解决问题的能力

能够解决简单或是复杂问题的能力，也是一种明显的智力表现。在测试解决问题的能力时，海豚的表现非常好。此外，它们还表现出抽象的能力，例如，分辨数字之间的差异。一些科学家认为海豚和大象一样聪明。

海豚可能和大象一样聪明。

# 我们是一家

我们知道海豚有很强烈的家族情节。它们通常是集群生活。

成千上万的海豚在一起，形成超大海豚群。

### 趣味百科

海豚会使用肢体语言进行相互交流。

## 形成群体

海豚是群居动物，生活在群体中。有时，许多个海豚群结合在一起，形成一个由数千只海豚组成的超大集群。在受到威胁、惊吓的时候，或是因为族群关系，海豚群会集合起来。同一个群体内的海豚会形成较强的关联，它们会帮助其他陷入困境中的海豚。在群体内，雄性海豚之间会形成等级，它们通过拍打尾巴等行为表现出不同的等级区别。

## 海豚的声音

每只海豚都会发出独特的口哨声，成为各自标志性的哨音，用来与别的海豚打招呼，或是与其他海豚进行区分。每只海豚的标志哨音，在它们生命早期就已经发育形成，并与它们各自母亲的哨音相似。它们还能发出另一种声音称为脉冲声波。这种声波的出现取决于它们的情绪状态，例如，它们在生气时会尖叫，在嬉戏时会发出吱吱声。这些声音已经达到超声波范围。

人类已经将海豚发出的那些人类无法听到的声音做了记录。

## 有学习能力的动物

通过给予奖励的方式，海豚能够学习复杂的动作。在20世纪60年代，一位名叫凯伦·普赖尔的科学家对海豚的学习能力进行了研究。她训练两只海豚，当它们表现出规定行为就给它们食物作为奖励，同时予以鼓励。随着时间的推移，她教会了海豚一系列复杂的动作。

从海豚移动的各种方式可以看出，它们很有创造力。

# 妈妈的爱

与其他许多动物一样，海豚也会保护和照顾自己的后代。

## 漫长的等待

大多数海豚的孕期为12～17个月。它们通常每隔两到三年生育一次，一次只能产下一只小海豚。在小海豚出生的时候，其他海豚会提供帮助，之后也会帮助照顾小海豚。

小海豚与它们的母亲保持非常亲密的关系。我们经常看到，即使是在大群体里，它们也会在妈妈身边游泳。

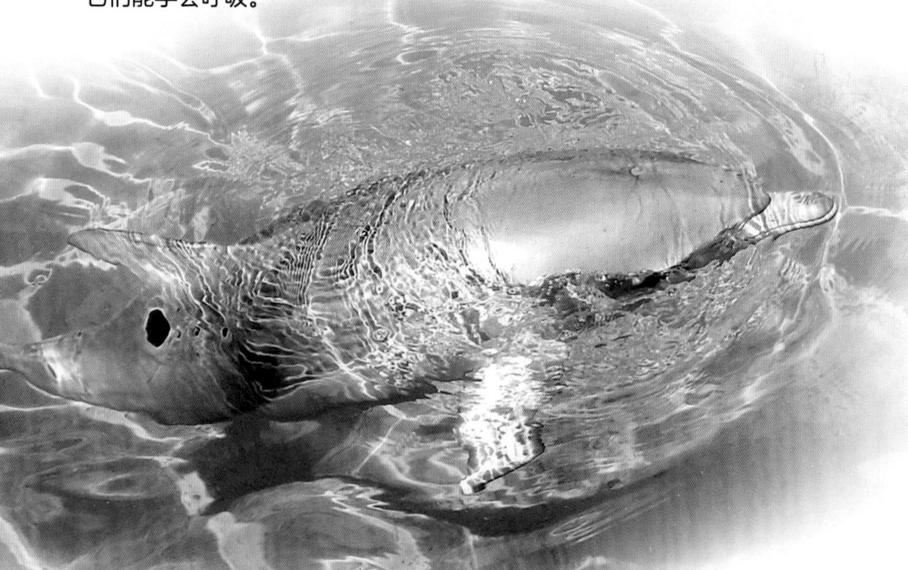

小海豚从一出生就被鼓励游到水面，以便它们能学会呼吸。

## 妈妈教的

海豚能学会如何使用简单的工具。有的海豚在捕食的时候，会用天然海绵来保护自己的鼻子。这种能力是从它们妈妈那里学来的。雌性海豚通常会一直待在它们的群体里，雄性海豚常常会离开群体，并建立自己的群体。每只海豚独特的标志哨音是在它们幼年时期形成的。

## 海豚宝宝

通常一只刚出生的小海豚体长约1米，体重约16公斤。在它们出生后的几天里，尾鳍和背鳍柔软无力，随着时间的推移会逐渐变硬。海豚妈妈在生产后6小时左右开始哺乳，然后喂养小海豚18个月左右。小海豚和它们的母亲在一起最长的可达6年，在这期间它们要学会如何捕获食物，如何在海豚群体中生活以及如何与其他海豚互动。

### 趣味百科

小海豚在出生以后，每小时需要哺乳4次左右，之后每天需要哺乳3到8次。

小海豚的颜色比成年海豚更深。

# 我能闻到食物吗？

海豚用各种方式进行捕食，它们的食物包括了各种鱼类和鱿鱼。

★ 虎鲸实际上是一种海豚，它们有时候会以海豹为食。

## 捕食方式

海豚采用一种很聪明的捕食方式——围猎。一群海豚共同协作，将鱼群集中到一起，然后让海豚们轮流进食。还有一种常见的围猎方式，鱼群被驱赶到浅水区，在那里很容易被海豚捕获。有一些海豚，如大西洋宽吻海豚，采用的是搁浅的捕食方式。它们将鱼群驱赶到泥滩上，在那里更容易将其捕获。

### 趣味百科

成年宽吻海豚每天的食量高达其自重的4%～5%。

## 饮水

海豚生活在海里，但它们并不喝海水，因为海水太咸了。海豚从它们所吃的食物中获取所需的水分。除此之外，当脂肪在体内燃烧时，会释放出一部分水分。

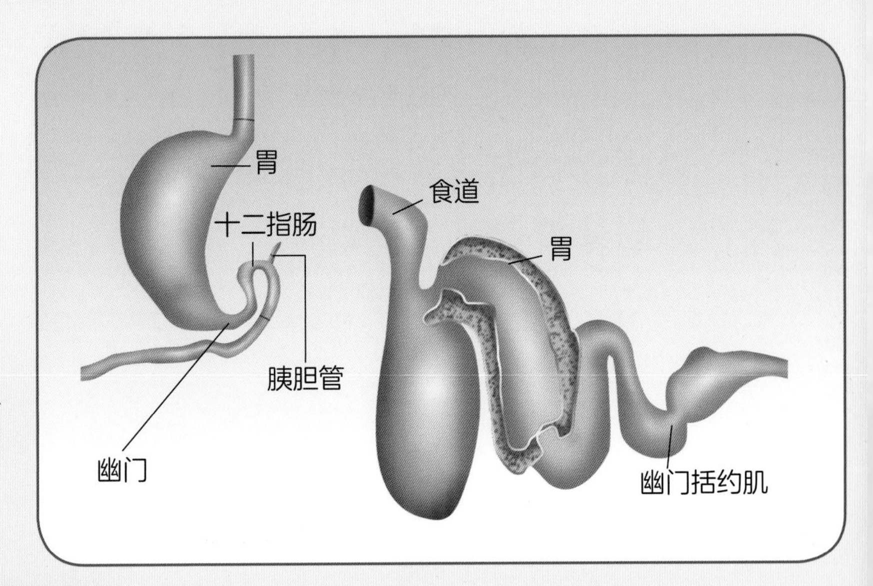


★ 海豚有一个特殊的消化系统，可以从它们捕获的食物中获取大量的水分。

海豚的食物通常由鱼、鱿鱼和虾等组成。它们进食多少取决于捕获猎物的大小。如果是大鱼，例如鲱鱼或鲭鱼，它们吃的数量会大大少于鱿鱼或虾。它们的胃中有不同的腔室帮助消化。它们的喉咙里有一块非常厚实的肌肉，这让它们可以吞下食物而不会吸入海水。

★ 海豚喜欢吃鱼，包括鲱鱼、鳕鱼、沙丁鱼和鲭鱼。

# 海上杂技演员

海豚在海面上跳跃和翻腾是常见的景象。这些顽皮的动物非常擅长海上的杂技表演。

## 玩耍时间

海豚是聪明又调皮的生物，经常看到它们在水面上跳跃，像是在表演杂技，这种行为被称为跃身击浪。人们常常看到海豚跟在汽艇或是轮船后面踏着浪花玩儿。它们还喜欢踏鲸鱼的浪花，这种习惯可能来自于海豚幼年时期总是在母亲旁游泳。人们经常看到它们嬉戏、抛海草、搬运物体、假装打斗和互相追逐。它们还会追逐其他生物，例如海龟或海鸟，以此取乐。

### 趣味百科

海豚可以跳到离水面4.9米的高度。

★ 海豚喜欢玩耍，经常可以看到几只海豚互相追逐。

海豚高高跃起到空中，然后背部或侧面落下，这叫做跃身击浪。

## 海豚的表演

全世界的科学家都对海豚的跃身击浪行为感到好奇。有人认为海豚跳出水面是为了从上方观察猎物，或是寻找正在觅食的鸟类行踪。这种行为也可能是一种交流方式，是海豚发出的一种信号，让其他海豚加入捕猎行动，同时还显示出它们正在行进的方向。驱除寄生虫也可能是跃身击浪行为的另一个原因。海豚跳跃和旋转还有可能仅是为了好玩！

## 翻转

旋转海豚能够表演一些非常有趣的杂技动作。它们跳出水面，然后像滚筒一样翻转。这种海豚体形较小，身体呈深灰色，有长而薄的嘴巴。目前还不确定这些海豚为什么会翻转，有一种解释是，它们在翻转过程中产生的气泡有助于回声定位。

旋转海豚通常会表演连续翻转动作。

# 海豚家族

海豚科是鲸目动物中最大的科目，其中包括许多不同大小、形状和特征的海豚种类。

### 趣味百科

海豚科中有多达67个种类。

## 我们不常见

海豚以喙的长度进行区分，常见的有两种：长喙海豚和短喙海豚。一些科学家还发现了第三种真海豚，它们的喙非常细长。真海豚遍布世界各地的热带、亚热带和温带水域，特别是地中海和红海尤为常见。它们往往在100～2 000只海豚的大型集群中活动。

★ 真海豚通常以10～50只为一群。

## 赫克托发现了我们

赫克托海豚是所有海豚中最稀有的种类。

赫克托海豚是世界上最小的鲸目动物之一。一只成年海豚通常长为1.2～1.6米，体重约50公斤。这些海豚以新西兰国家博物馆（前身惠灵顿殖民博物馆）馆长詹姆斯·赫克托爵士的名字命名，因为他首先对它们进行研究。赫克托海豚不像其他海豚种类那样有明显的喙。它们的前额为灰色，喉咙和胸部为白色，眼睛和尾鳍之间有灰色的阴影。

暗色斑纹海豚可以游很长的距离。不过这种活动与它们的迁徙没有任何关系。

## 我们是暗色的

暗色斑纹海豚非常活跃和友好。它们通常分布在南半球的沿海地区，最大的暗色斑纹海豚在秘鲁沿海附近被发现。它们可以长达2.1米，重达100公斤。这些友好的海豚面临的最大危险是被困在渔网中。

# 不是鲸鱼

虎鲸实际上是海豚，是海洋里所有海豚种类中体形最大的。虎鲸分布在世界上所有的海洋，无论是在温暖区域还是极端寒冷的地区都能找到它们。

## 黑与白

虎鲸很容易辨认，它们背部为黑色，前胸和两侧为白色，眼睛附近有白色斑点。它们的身体巨大且沉重，最大的虎鲸重量超过8吨，长达9.8米。由于自身庞大的身形给了它们快速移动的动力。它们以每小时56公里的速度游动。雄性虎鲸的体形通常比雌性虎鲸大。区分虎鲸的一个显著特征是，它们的背鳍上有白色或灰色的鞍状斑点。

## 我的食物

虎鲸是投机取巧型的猎手。它们的食物主要是鱼，特别是鲑鱼、鲱鱼和金枪鱼。有一些虎鲸也以捕食海狮、海豹、鲸鱼，甚至鲨鱼而闻名。它们通常在杀死和吃掉猎物之前，会先使猎物失去反抗能力。虎鲸有时被称为“海狼”，因为它们在捕食的时候往往成群行动，就像陆地上的狼。

★ 企鹅、海鸥等鸟类也可能成为虎鲸的猎物。

## 群居动物

虎鲸是群居动物。这一点通过浮窥、拍尾巴和跃身击浪等行为可以观察到。有的虎鲸还会形成非常复杂的社会群体。虎鲸有母系社会特征，这意味着一头雌性虎鲸，一生只和她的雄性伴侣以及幼鲸生活在一起。几个这样的母系小群体结合在一起，就形成了一个大群体。这样的群体并不像家庭群体那样稳定。几个这样的大群体结合起来组成族群，几个族群又结合起来组成社群。

虎鲸因其身上的黑白特征而很容易辨认。

### 趣味百科

不同群体的虎鲸都有自己独特的叫声。

虎鲸生活在大型群体中，它们有复杂的社会结构。

# 人类的朋友

长久以来，海豚和人类之间的交流一直是友好而特别的。

人们认为，在极少数情况下，海豚可以尝试保护潜水员免受鲨鱼的袭击。

## 你愿意和我一起玩吗?

众所周知，海豚和人类一直保持着友好而特别的关系。许多种类的海豚，特别是宽吻海豚，完全适应了人类的陪伴。它们被训练完成复杂的技巧，以及执行重要的任务。全世界的科学家都对海豚充满兴趣。因为它们的智力水平一直让人捉摸不透。

★ 海豚被用于某些治疗当中。

## 趣味百科

海豚可以救助受伤或是溺水的人们，它们乐意帮助人类，并且能和人类近距离接触。

## 它们无处不在

在人类世界的各个领域，都能看到海豚的身影。它们被广泛运用于军事、娱乐和医疗。在神话、文学、艺术、流行电影甚至电视连续剧中，人们也常常提到海豚。

★ 污染对海豚栖息地和生态系统造成了严重影响。

## 野生动物

人类对海豚很着迷，那么海豚同样喜欢人类陪伴吗？答案或许不是这样的。人类某些危害行为，例如有毒害物质对海洋的污染，破坏了海豚的栖息地，导致许多海豚死亡。此外，我们必须时刻牢记，海豚是野生动物。因此，它们天然地希望避免与人类交往，而不是寻求交往。

# 表演者

海豚在各种不同形式的娱乐活动中表现突出，如水上表演、电影甚至电脑游戏。

★ 海豚以其表演能力突出而闻名。

## 海豚水族馆

海豚是最受欢迎的表演动物之一。人们成群结队地来到水族馆，观看海豚表演各种复杂动作。最常见的表演海豚种类是宽吻海豚，它们寿命长、友好，且易于训练。不过有些人认为，为了人类的快乐而让海豚为我们表演是残忍的。所以，现在对于饲养海豚有非常严格的规定和要求。

### 趣味百科

在20世纪70年代早期，英国大约有37个海豚水族馆进行巡回表演。然而今天，一个也没有了。

## 不太安全

海豚水族馆受到许多人的各种批评。批评者说，即使有很大的游泳池，饲养的海豚仍然没有足够的空间自由活动。于是，海豚变得越来越好斗，可能会互相攻击，甚至会攻击它们的教练或是观众。因此，饲养海豚条件的严格规定，导致世界各地许多海豚水族馆关闭。

海豚水族馆经常受到动物保护活跃人士的批评。

迈阿密海豚队用海豚作为吉祥物和标志。

## 电影明星

海豚早已通过许多著名的电影和电视剧而家喻户晓，例如电影《海豚飞宝》《人鱼童话》《海豚之日》，以及电视剧版《海豚飞宝》《深海巡弋》等。

# 在神话与文学中

海豚长期以来一直激发着人类的想象力。在各种神话、文学和艺术中，海豚一直是流行主题。

## 古希腊神话

古希腊神话中处处能看到海豚。许多希腊的神和英雄都被海豚解救过，其中包括诗人亚里奥、墨利克尔忒斯和一些传奇人物。它们还被认为是希腊海神波塞冬的使者。对希腊人来说，它们是神圣的象征。

传说有一只海豚救了诗人亚里奥。

### 趣味百科

海豚的神话帮助我们了解它们最早是在哪里被发现的。

## 其他神话

在印度神话中，恒河女神与恒河河豚有密切关系。其中一个神话故事是，河豚是神奇的生物，能够预示女神从天而降。有时候河豚被描绘成女神的坐骑，叫做玛卡拉。在亚马孙河流域，一个流行的神话是，河豚博托可以变成一个英俊的年轻人！

恒河女神的坐骑，名叫玛卡拉的河豚是印度教的圣物。

用海豚形象装饰的花瓶和罐子，在希腊很受欢迎。

## 文学和艺术

海豚在科幻小说中特别受欢迎，包括安妮·麦卡芙蕾瑞的《龙骑士：波恩年史》系列和威廉·吉布森的短篇小说《约翰尼记忆》。凯伦·海瑟的《海豚的乐音》是一个关于海豚与人类关系的感人故事。海豚在艺术领域也很受欢迎。众所周知，希腊人喜欢在花瓶上画海豚。

# 在军事和医疗中

海豚是一种聪明且易于训练的动物，因此人们通过训练海豚，让它们为自己服务。

军用海豚从小接受训练。

## 军用海豚

用于军事目的的海豚被称为军用海豚。它们被训练来执行军事任务，比如在水下定位地雷和营救失踪的潜水员。军用海豚的训练最早开始于美苏冷战时期。美国军方进行了一项训练军用海豚的开放计划，即美国海军海洋哺乳动物计划。在第一次海湾战争和伊拉克战争中，它们曾被美军启用。

★ 一个小孩正在水中与海豚嬉戏。

## 海豚心理治疗

海豚有时被用于抑郁症患者的精神治疗，以及帮助自闭症和脑损伤患者的治疗。这些项目被称为海豚辅助治疗，简称DAT。2005年，一项涉及约30名轻度至中度抑郁症患者的研究显示，与海豚接触对他们的情绪有积极影响。

### 趣味百科

海豚辅助疗法背后的理论，由约翰·莉莉博士在20世纪50~60年代注入了新的理解和生命。

## 危险任务

训练海豚用于军事用途的做法，受到全世界许多动物爱心人士的谴责。有人认为，海豚在饲养过程中会承受很大的压力，这会导致它们攻击性行为增加、寿命缩短以及新生海豚死亡率增加。此外，让它们介入战争，对动物的身心有害。

★ 战争区域对海豚来说是非常危险的。

# 杂交种类

动物的父母来自于不同的生物种类，这就是杂交。

## 鲸豚

鲸豚是伪虎鲸和宽吻海豚的杂交物种。现在世界上仅有两只人工饲养的鲸豚存活，它们是一对母女，生活在夏威夷的海洋生物公园里。

**趣味百科**

宽吻海豚有88颗牙齿，伪虎鲸有44颗牙齿，而可凯马鲁有66颗牙齿。

鲸豚可凯马鲁的女儿咔哇丽凯，它的父亲是一只宽吻海豚。

## 母亲和女儿

著名的鲸豚可凯马鲁，目前居住在夏威夷的海洋生物公园里，在很小的时候它生下了一只小鲸豚，但没过多久就死了。1991年它又生下了第二只小鲸豚，又在9岁时死去。2004年12月，可凯马鲁生下了第三只小鲸豚，名叫咔哇丽凯。这一次，可凯马鲁成功地将这只小鲸豚哺育成年。

★ 鲸豚在野外非常罕见，目前只有两只人工饲养的鲸豚存活。

# 面临的威胁和危险

海豚面临的最大威胁并非大自然，而是人类残酷的捕猎方法和对环境的破坏行为。

## 自然的威胁

在自然界中，海豚几乎没有天敌，这使它们在特定的栖息地成为顶级捕食者。只有一些大型鲨鱼，如大白鲨、灰鲨、牛鲨和虎鲨等，会捕食小型海豚，以及幼年海豚。此外，大海豚如虎鲸，有时也会捕食小型海豚，但这种情况并不常见。自然界中，对海豚的另一个威胁是寄生虫，因为寄生虫会引起疾病。

### 趣味百科

噪声也是海豚面临的威胁之一。因为海豚受到惊吓会快速地由海水深处上浮，一旦进入浅水区，就可能导致搁浅。

捕食小型海豚的大白鲨，是海豚在自然界中为数不多的捕食者之一。

## 被驱赶至死

世界上有些地方，人们为了获取海豚肉而不断捕杀它们。其中一种狩猎方法被称为海豚驱猎。人类将海豚以及其他一些较小的鲸目动物聚集在一起，然后驱赶到海滩上。在那里，海豚毫无抵抗能力，通过这种方式，海豚被大量猎杀。

## 人类的威胁

对海豚的生存来说，最大的威胁来自人类。对环境有害和危险的行为，如向河流、海洋里倾倒废物导致海豚栖息地被有毒物质污染。还有一些海豚死于船的螺旋桨事故。除此之外，最大的威胁之一是人类的捕鱼方法，海豚会被捕鱼网缠住而溺水。

★ 钓鱼也会影响到海豚。